U0185708

现代回归分析方法引论

翁 洋 著

科 学 出 版 社
北 京

内 容 简 介

本书主要介绍统计学中的回归分析方法基础以及在机器学习方向上的应用. 介绍回归分析的数学基础的同时，以统计学和机器学习相结合的手段介绍回归分析领域在近年来取得的各种重要结果和突破. 特别是在大数据背景下，回归分析的正则化问题的快速求解算法. 本书在介绍基础知识的同时，也强调回归分析在实际中的应用，书中配有大量的案例及其 R 语言的实现.

本书可作为数学、统计学及相关专业高年级本科生或研究生的教材使用，也可作为相关专业科研工作者的参考资料.

图书在版编目(CIP)数据

现代回归分析方法引论/翁洋著. —北京：科学出版社, 2020.10

ISBN 978-7-03-058778-7

Ⅰ. ①现…　Ⅱ. ①翁…　Ⅲ. ①回归分析-分析方法-教材　Ⅳ. ①O212.1

中国版本图书馆 CIP 数据核字(2018) 第 209295 号

责任编辑：王胡权／责任校对：张凤琴
责任印制：张　伟／封面设计：迷底书装

科学出版社 出版
北京东黄城根北街 16 号
邮政编码：100717
http://www.sciencep.com
北京建宏印刷有限公司 印刷
科学出版社发行　各地新华书店经销
*
2020 年 10 月第 一 版　开本: 720 × 1000 B5
2022 年 1 月第四次印刷　印张: 9 3/4
字数: 201 000
定价: 59.00 元
(如有印装质量问题，我社负责调换)

前　　言

统计学是关于认识客观现象总体数量特征和数量关系的科学. 回归分析是统计学中最古老的分支之一，“回归”（regression）是由英国著名生物学家兼统计学家 Francis Galton 在研究人类遗传问题时提出来的，Francis Galton 也是统计学之父 Karl Pearson 的老师. 作为认识客观现象中变量间相互依赖的定量关系的一种统计分析方法，回归分析广泛应用于自然科学和社会科学的各个领域. 通过一百多年的发展，回归分析已经发展成为一个非常成熟的方向. 然而，随着信息时代的来临，人们搜集和存储数据的能力得到了极大提高，经典的回归分析方法面临数据量大，高维等巨大挑战.

20 世纪 90 年代，Robert Tibshirani 的经典论文 Regression Shrinkage and Selection via the Lasso 面世，为我们开创了回归分析的新领域：ℓ_1 正则化的回归问题. 和经典的岭回归相比，这个方法的提出使得我们可以在避免模型过拟合的同时可以做变量选择. 这对于解决高维问题提出了一种崭新的思想方法. 然而，由于并没有高效的求解算法，lasso 方法一直没有推广开来. 直到 2004 年，Efron 给出了基于最小角回归的 lasso 快速求解算法；到 2010 年，Friedman 提出了基于坐标下降的求解算法，更进一步提高了求解 ℓ_1 正则化回归问题的算法效率. 同时，统计学家以及数学家们把这个思想用到了很多领域，其中最引人注目的就是 Candes 和陶哲轩等人将 ℓ_1 正则化的思想应用到信号处理领域，开创了一个新的研究方向：压缩感知（compressive sensing）. 这些研究工作的成功，使得我们在大规模数据和高维数据问题中的回归分析取得了重要进展.

本书主要介绍回归分析的统计学基础以及在机器学习方向上的应用，介绍回归分析的数学基础的同时，以统计学和机器学习相结合的手段讲解回归分析在近年来取得的各种重要结果和突破. 本书的主要特点是较为系统的回顾了回归分析方法的经典结果，提出了在大数据的时代背景下对回归分析的挑战. 对于海量数据和高维问题，给出了系统性的解决方法. 分别提出了随机坐标下降算法、坐标下降的并行算法求解大规模病态数据的回归问题，并且对于海量数据，提出了随机优化的方法求解回归模型的正则化问题. 本书的主要内容包括：引言、预备知识、变量选择和贝叶斯线性模型、ℓ_1 正则化逻辑回归的随机坐标下降算法、并行坐标下降、随机优化.

本书的撰写得到“国家自然科学基金”（批准号：61203219）和“四川大学立项建设教材”资助. 本书的出版得到了科学出版社的大力支持，在此一并致以深深的谢意.

限于作者水平，书中难免存在疏漏和不足之处，敬请读者批评指正.

作　者

2018 年 7 月于四川大学

目　　录

第1章　引　　言

1.1　相关关系

事物之间都是有联系的，我们可以用数学模型来表示变量之间的关系. 由日常生活经验，我们知道某种高档品的消费量与城镇居民的收入有密切关系. 居民收入高了，这种消费品的销售量就大；居民收入低了，这种消费品的销售量就小；但是居民的收入并不能完全确定该种高档品的消费量. 因为，商品的消费量还受着人们的消费习惯、心理因素、其他可替代商品的吸引程度以及价格的高低等诸因素的影响. 也就是说，城镇居民的收入与该种高档品的消费量有着密切关系，且城镇居民的收入对该种高档品的消费量的多少起着主要作用，但是它并不能完全确定该种高档品的消费量. 生活中还有很多这样的例子.

例 1.1　*某人的身高越高时，体重也会倾向于更重；当身高低一点的时候，体重相对会轻一点. 在这里体重是***因变量***，身高是***自变量***.*

例 1.2　*在冬天或者夏天，天气严寒或酷暑，居民的用电量就会增大；而在春秋的时候，天气比较温和，用电量就会减小. 这里的用电量是***因变量***，而季节是***自变量***.*

例 1.3　*在一定范围内，降雨量越大，收成就好；降雨量越小，收成就会相对差一点. 在这里收成是***因变量***，降雨量是***自变量***.*

以上的例子说明，我们在现实生活中经常会遇到这样的问题: 变量之间存在关系，但是这种关系又不是确定性关系. 这类问题其实是要找变量之间的相关关系，在统计学中，我们对因变量建模，实质是对相关关系建模，我们把这样的问题称为回归分析. 也就是说，回归是一门考虑因变量的学科.

回归是对因变量的研究. 它被用来回答诸如改变班级大小是否影响学生成绩的问题? 我们能否从最近的喷发时间预测间歇喷泉的下一次喷发时间? 饮食改变是否会导致胆固醇水平的变化，如果是这样，结果是否取决于其他特征，如年龄，性别和运动量? 人均收入较高的国家的出生率低于收入较低的国家? 回归分析是许多研究项目的核心部分. 与大多数统计分析一样，回归的目标是尽可能简单，有用和优雅地总结观察数据的内在规律. 在一些问题中，可能有一个理论可以指定响应如何随着预测变量值的变化而变化. 在其他问题上，可能缺乏理论，我们需要使用这些数据来帮助我们决策.

“回归”这个词是来源于著名的统计学家 Galton，他在研究父亲和儿子身高的相关关系时发现：身高超过平均值的父亲，他们儿子的平均身高将低于父亲的平均身高，反之，身高低于平均值的父亲，他们儿子的平均身高将高于父亲的平均身高. 高尔顿对这个一般结论的解释是：大自然具有一种约束力，使人类的身高分布在一定时期内相对稳定而不产生两极分化，这就是所谓的回归效应. 从此引进了回归一词. 对于以后将要讲到的回归模型，回归效应不一定具有. 人们在研究大量的问题中，其变量 x 与 y 之间的关系并不总是具有这种“回归”的含义.

1.2 回归模型的一般形式

随机变量 y 与相关变量 $x_1, x_2, \cdots, x_p$ 之间的概率模型为

$$y = f(x_1, x_2, \cdots, x_p) + \varepsilon \tag{1.1}$$

其中 y 和 ε 是随机变量，ε 为随机误差.

模型的统计假设为 Gauss-Markov 假设，即

$$E(\varepsilon_i) = 0, \quad i = 1, 2, \cdots, n \tag{1.2}$$

$$Var(\varepsilon_i) = \sigma^2, \quad i = 1, 2, \cdots, n \tag{1.3}$$

$$Cov(\varepsilon_i, \varepsilon_j) = \begin{cases} \delta_{ij} \cdot \sigma^2, i = j \\ 0, i \neq j \end{cases} \quad i, j = 1, 2, \cdots, n \tag{1.4}$$

进行均值建模，对方程（1.1）两边求期望得

$$E(y|X = x) = \beta_0 + \beta_1 x \tag{1.5}$$

$$Var(y|X = x) = \sigma^2 \tag{1.6}$$

当 x 取定时，$\beta_0 + \beta_1 x$ 为常数.

1.3 回归模型的建模过程

1. 根据研究的目的设置指标变量

回归分析模型主要是揭示事物之间相关变量的数量关系. 首先要根据所研究的目的设置因变量, 然后再选取与因变量有统计关系的一些变量作为自变量.

2. 收集、整理数据

回归模型的建立是基于回归变量的样本统计数据. 当确定好回归模型的变量之后，就要对这些变量收集、整理统计数据. 数据的收集是建立回归模型的重要一

环，是一项基础性工作，样本数据的质量如何，对回归模型的水平有至关重要的影响.

3. 确定理论回归模型的数学形式

自变量和因变量之间的函数关系可以是线性的，也可以是非线性的，它们分别对应线性回归和非线性回归. 我们根据数据对自变量和因变量的关系进行统计建模时，需要确定它们之间的关系，也就是我们必须给出自变量和因变量的参数化模型.

4. 模型参数的估计

一般情况下，我们建立的回归模型都是有未知参数的. 为了能够使用这一模型，我们必须估计出未知参数. 在以后的章节中，我们会介绍参数的最小二乘估计、极大似然估计、岭估计等一些估计方法. 但它们都是以普通最小二乘法为基础，这些具体方法是我们后边一些章节研究的重点.

5. 模型的检验与修改

当一个模型建立好以后，我们要问一个问题：这个模型是否比较好地描述了问题中变量之间的关系？那么我们就要检验这个模型，检验的方法一般有两个途径：一个途径是放在实践中去检验，一个好的模型必须能够很好地反映客观实际，如果该模型可以反映客观实际，那它就是一个好的模型，反之，它就不是一个好的模型，是不可用的；另一个途径是统计检验，统计检验包含模型检验和回归系数的检验.

6. 回归模型的应用

当一个好的模型建立起来以后，我们就可以用它来进行分析、控制和预测. 由模型我们可以分析出各个变量之间的关系，特别可以看出影响因变量的主要因素，如果他们是可以控制的，我们就可以对它们实行控制，从而达到我们的目标. 一个好的模型还可以给出好的预测，一个好的预测可以为我们提供未来决策的有力依据.

第2章　预 备 知 识

2.1　一元线性回归

一元线性回归是描述两个变量之间统计关系最简单的回归模型. 一元线性回归虽然简单, 但通过一元线性回归模型的建立过程, 我们可以了解回归分析方法的基本统计思想以及它在实际问题研究中的应用原理.

2.1.1　散点图, 回归模型, 矩阵表达

通常我们要收集与所研究问题有关的 n 组样本数据 $(x_i, y_i), i = 1, 2, \cdots, n$. 为了直观地发现样本数据的分布规律, 我们把 (x_i, y_i) 看成直角坐标系中的点, 画出这 n 个样本点的散点图.

一元线性回归模型通常写为

$$y = \beta_0 + \beta_1 x + \varepsilon \tag{2.1}$$

一元线性模型的矩阵形式通常写为

$$\boldsymbol{y} = \boldsymbol{X}\boldsymbol{\beta} + \boldsymbol{\varepsilon}, \quad \boldsymbol{\varepsilon} \sim N_p(0, \sigma^2 I_n) \tag{2.2}$$

其中 $\boldsymbol{y} = (y_1, y_2, \cdots, y_n)'$, $\boldsymbol{X} = \begin{pmatrix} 1 & 1 & \cdots & 1 \\ x_1 & x_2 & \cdots & x_n \end{pmatrix}'$, $\boldsymbol{\beta} = (\beta_0, \beta_1)'$, $\boldsymbol{\varepsilon} = (\varepsilon_1, \varepsilon_2, \cdots, \varepsilon_n)'$.

2.1.2　模型的建立——参数估计

回归分析的主要任务就是通过 n 组样本观测值 $(x_i, y_i), i = 1, 2, \cdots, n$, 对 β_0, β_1 进行估计. 一般用 $\hat{\beta}_0$, $\hat{\beta}_1$ 分别表示 β_0, β_1 的估计值, 则称

$$\hat{y} = \hat{\beta}_0 + \hat{\beta}_1 x_1 + \varepsilon \tag{2.3}$$

为 y 关于 x 的一元线性经验回归方程.

通常 $\hat{\beta}_0$ 表示经验回归直线在纵轴上的截距, $\hat{\beta}_1$ 表示经验回归直线的斜率, $\hat{\beta}_1$ 在实际应用中表示自变量 x 每增加一个单位时因变量 y 的平均增加数量.

1. 最小二乘估计

最小二乘法就是找参数 β_0, β_1 的估计值 $\hat{\beta}_0$, $\hat{\beta}_1$, 也就是求解如下优化问题的解

$$\min_{\beta_0,\beta_1} Q(\beta_0,\beta_1)=\sum_{i=1}^{n}(y_i-\beta_0-\beta_1x_i)^2 \tag{2.4}$$

通过求偏导数，并令其为 0 而得到

$$\begin{cases}\dfrac{\partial Q}{\partial\beta_0}=-2\sum\limits_{i=1}^{n}(y_i-\beta_0-\beta_1x_i)=0\\ \dfrac{\partial Q}{\partial\beta_1}=-2\sum\limits_{i=1}^{n}(y_i-\beta_0-\beta_1x_i)x_i=0\end{cases} \tag{2.5}$$

该方程组被称为**正规方程组**，经过整理可以得到最小二乘估计：

$$\hat{\beta}_0=\bar{y}-\hat{\beta}_1\bar{x} \tag{2.6}$$

$$\hat{\beta}_1=\frac{l_{xy}}{l_{xx}} \tag{2.7}$$

其中 $l_{xx}=\sum\limits_i(x_i-\bar{x}),l_{xy}=\sum\limits_i(x_i-\bar{x})(y_i-\bar{y})$. 最小二乘估计是从拟合的角度出发，把这组数据尽可能多地穿起来，进行估计时不需要分布.

2. 极大似然估计

极大似然法找参数 β_0，β_1 的估计值 $\hat{\beta}_0$，$\hat{\beta}_1$，是通过使

$$\max_{\beta_0,\beta_1} L(\hat{\beta}_0,\hat{\beta}_1;x_1,x_2,\cdots,x_n)$$

最大，可以得到 $\hat{\beta}_0$，$\hat{\beta}_1$ 的最大似然估计. 可以证明其等价于最小二乘估计.

极大似然估计是从概率的角度出发，找使这组数据出现的概率最大的分布，估计时需要假设因变量的分布. 一元线性回归模型的参数极大似然估计在很多相关书中都有推导，这里不做详述.

2.1.3 最小二乘估计的性质

在讨论线性模型的统计性质的时候，我们假设 $y_i,i=1,2,\cdots,n$ 是随机变量. 我们得到最小二乘估计为

$$\hat{\beta}_0=\bar{y}-\hat{\beta}_1\bar{x}$$

$$\hat{\beta}_1=\frac{l_{xy}}{l_{xx}}$$

性质 2.1(线性性) 估计量 $\hat{\beta}_0$，$\hat{\beta}_1$ 为随机变量 $y_1,y_2,\cdots,y_n$ 的线性函数.

证明

$$\hat{\beta}_1=\frac{\sum\limits_{i=1}^{n}(x_i-\bar{x})(y_i-\bar{y})}{\sum\limits_{i=1}^{n}(x_i-\bar{x})^2}=\frac{\sum\limits_{i=1}^{n}(x_i-\bar{x})}{\sum\limits_{i=1}^{n}(x_i-\bar{x})^2}y_i$$

$$\hat{\beta}_0 = \bar{y} - \hat{\beta}_1\bar{x} = \sum_{i=1}^{n}\left(\frac{1}{n} - \frac{(x_i - \bar{x})\bar{x}}{l_{xx}}\right)y_i \qquad \square$$

性质 2.2 (无偏性)　$\hat{\beta}_0$ 是 β_0 的无偏估计，$\hat{\beta}_1$ 是 β_1 的无偏估计.

证明　需要证明 $E(\hat{\beta}_0) = \beta_0, E(\hat{\beta}_1) = \beta_1$

$$\begin{aligned}
E(\hat{\beta}_1) &= \sum_{i=1}^{n}\frac{x_i - \bar{x}}{l_{xx}}E(y_i) \\
&= \sum_{i=1}^{n}\frac{x_i - \bar{x}}{l_{xx}}(\beta_0 + \beta_1 x_i) \\
&= \beta_1 \\
E(\hat{\beta}_0) &= E(\bar{y} - \hat{\beta}_1\bar{x}) \\
&= E(\bar{y}) - E(\hat{\beta}_1)\bar{x} \\
&= \beta_0 + \beta_1\bar{x} - \beta_1\bar{x} \\
&= \beta_0 \qquad \square
\end{aligned}$$

性质 2.3　估计量的方差和协方差.

解　估计优良性准则不仅指一个估计量是一个无偏估计，还要说明这个估计量是一个有效估计. 最小二乘估计无偏，因此我们只需计算估计量的方差就是误差方差.

$$\begin{aligned}
Var(\hat{\beta}_1) &= Var\left[\sum_{i=1}^{n}\frac{x_i - \bar{x}}{l_{xx}}y_i\right] \\
&= \sum_{i=1}^{n}\left(\frac{x_i - \bar{x}}{l_{xx}}\right)^2 Var(y_i) \\
&= \frac{\sigma^2}{l_{xx}^2}\sum_{i=1}^{n}(x_i - \bar{x})^2 \\
&= \frac{\sigma^2}{l_{xx}} \\
Var(\hat{\beta}_0) &= Var(\bar{y} - \hat{\beta}_1\bar{x}) \\
&= Var\left(\frac{1}{n}\sum_{i=1}^{n}y_i - \sum_{i=1}^{n}\frac{(x_i - \bar{x})\bar{x}}{l_{xx}}y_i\right) \\
&= Var\left(\sum_{i=1}^{n}\left(\frac{1}{n} - \frac{(x_i - \bar{x})\bar{x}}{l_{xx}}\right)y_i\right) \\
&= \sum_{i=1}^{n}\left(\frac{1}{n} - \frac{(x_i - \bar{x})\bar{x}}{l_{xx}}\right)^2 Var(y_i)
\end{aligned}$$

$$
\begin{aligned}
&= \sigma^2 \sum_{i=1}^{n} \left(\frac{1}{n^2} - \frac{2(x_i - \bar{x})\bar{x}}{n \cdot l_{xx}} + \frac{(x_i - \bar{x})^2 \bar{x}^2}{l_{xx}^2} \right) \\
&= (\frac{1}{n} + \frac{\bar{x}^2}{l_{xx}})\sigma^2
\end{aligned}
$$
□

在这里也给出估计量的协方差

$$
\begin{aligned}
Cov(\hat{\beta}_0, \hat{\beta}_1) &= Cov \left(\sum_{i=1}^{n} \frac{x_i - \bar{x}}{l_{xx}} y_i \sum_{i=1}^{n} \left(\frac{1}{n} - \frac{(x_i - \bar{x})\bar{x}}{l_{xx}} \right) y_i \right) \\
&= \sigma^2 \sum_{i=1}^{n} \left(\frac{x_i - \bar{x}}{l_{xx}} \left(\frac{1}{n} - \frac{(x_i - \bar{x})\bar{x}}{l_{xx}} \right) \right) \\
&= \sigma^2 \frac{-\bar{x}}{l_{xx}}
\end{aligned}
$$

根据的 $Var(\hat{\beta}_1)$ 表达式可以看出，$\hat{\beta}_1$ 的方差与 l_{xx} 成反比，而 l_{xx} 就是 x 的取值分散程度的度量. 因而，当 x 的取值波动越大，就越稳定；反之，如果原始数据 x 的取值是在一个较小的范围之内，则 $\hat{\beta}_1$ 的稳定性就比较差. 同样，由 $Var(\hat{\beta}_0)$ 的表达式可以看出，$\hat{\beta}_0$ 的方差与 l_{xx} 成反比，且它和样本容量有一定的关系，当样本容量越大，$\hat{\beta}_0$ 的稳定性就越好. 这一点对我们收集原始数据具有一定的指导意义. 也就是，在收集数据时，我们尽可能使数据尽量分散一些，不要集中在一个比较小的范围之内；另一方面，在人力物力允许的情况下，收集尽量多的数据.

2.1.4 一元线性回归模型的显著性检验

从最小二乘估计的表达式可知，只要给出了 n 组数据，就可以代入估计表达式获得参数的估计，从而写出回归方程. 但该回归方程对于散点图的拟合是否有意义？即拟合程度好还是不好？需要有个检验的准则. 如果通过检验发现模型存在缺陷，就必须重新设定模型或者估计参数.

一元线性回归的模型显著性检验主要是利用统计学的假设检验理论检验回归模型的可靠性，具体又可以分为拟合优度检验、相关系数检验、模型的显著性检验（F 检验）和模型参数的显著性检验（t 检验）等.

$$
H_0 : E(y|X = x) = \beta_0 \tag{2.8}
$$

$$
H_1 : E(y|X = x) = \beta_0 + \beta_1 x \tag{2.9}
$$

其中零假设指不能认为 x 和 y 线性相关，因为 $\beta_1 = 0$. 备择假设可以认为 x 和 y 线性相关，因为 $\beta_1 \neq 0$，如果模型有意义，拟合良好，趋势刻画准确，则 $\hat{y}_i = \hat{\beta}_0 + \hat{\beta}_1 x_i$ 和 y_i 的差距不大.

这里引入残差平方和为 $Q = \sum_{i=1}^{n}(y_i - \hat{y}_i)^2$，$Q$ 的大小说明拟合程度的好坏，回归平方和为 $U = \sum_{i=1}^{n}(\hat{y}_i - \bar{y})^2$，总的离差平方和为 $l_{yy} = \sum_{i=1}^{n}(y_i - \bar{y})^2$.

定理 2.1 (一元回归模型的平方和分解定理)　*离差平方和 l_{xx} 可分解为*

$$l_{yy} = U + Q$$

证明　已知 $\hat{y}_i = \hat{\beta}_0 + \hat{\beta}_1 x_i$，要证 $\sum_{i=1}^{n}(y_i - \bar{y})^2 = \sum_{i=1}^{n}(y_i - \hat{y}_i)^2 + \sum_{i=1}^{n}(\hat{y}_i - \bar{y})^2$ 往证 $\sum_{i=1}^{n}(y_i - \hat{y}_i)(\hat{y}_i - \bar{y}) = 0$.

$$\begin{aligned}
\sum_{i=1}^{n}(y_i - \hat{y}_i)(\hat{y}_i - \bar{y}) &= \sum_{i=1}^{n}(y_i - \hat{\beta}_0 - \hat{\beta}_1 x_i)(\hat{\beta}_0 + \hat{\beta}_1 x_i - \bar{y}) \\
&= \sum_{i=1}^{n}(y_i - \bar{y} - \hat{\beta}_1(x_i - \bar{x}))(\bar{y} + \hat{\beta}_1(x_i - \bar{x}) - \bar{y}) \\
&= \hat{\beta}_1 l_{xy} - \hat{\beta}_1^2 l_{xx} \\
&= 0
\end{aligned}$$

□

总离差平方和 l_{yy} 反映因变量 y 的波动程度或波动性. 由平方和分解可以看出，在总离差平方和 l_{yy} 中，能够由自变量解释的部分是回归平方和 U，不能由自变量解释的部分为残差平方和 Q. 因此，回归平方和 U 越大，回归的效果就越好，可以据此构造 F 检验统计量.

定理 2.2 (检验统计量的构造)　*U 与 Q 独立，则有*

$$F = \frac{U}{Q/(n-2)} \sim F(1, n-2)$$

证明

$$\begin{aligned}
U &= \sum_{i=1}^{n}(\hat{y}_i - \bar{y})^2 = \sum_{i=1}^{n}(\hat{\beta}_0 + \hat{\beta}_1 x_i - \bar{y})^2 \\
&= \sum_{i=1}^{n}(\hat{\beta}_1(x_i - \bar{x}))^2 = \hat{\beta}_1^2 l_{xx} = \hat{\beta}_1 l_{xy} \\
r^2 &= \frac{l_{xy}^2}{l_{xx} l_{yy}} = \hat{\beta}_1 \frac{l_{xy}}{l_{yy}} = \frac{U}{l_{yy}}
\end{aligned}$$

因此有，$F = \dfrac{U}{Q/(n-2)} = \dfrac{U/l_{yy}}{(1 - U/l_{yy})/n-2} = \dfrac{r^2}{(1-r^2)/n-2}$.　□

根据回归平方和与残差平方和的意义知道，如果在总的平方和中回归平方和所占的比重越大，则线性回归效果就越好，这说明回归直线与样本观测值拟合程度就越好；如果残差平方和所占比重大，则回归直线与样本观测值拟合程度就不理想. 相关系数的检验恰恰符合了这一思想，因此可以作为检验的依据和方法.

另外，相关系数的平方就是样本决定系数，样本决定系数是一个回归直线与样本观测值拟合优度的相对指标，反映了因变量的波动中能用自变量解释的比例，值总是在 0 与 1 之间. 越接近 1，拟合优度就越好.

2.2 线性模型的最小二乘估计

最小二乘估计是估计线性模型的最基本的方法. 本节主要讨论线性回归的参数估计方法——最小二乘估计，以及最小二乘估计的优良性质.

2.2.1 最小二乘估计

有连续取值的因变量 y 以及连续取值的自变量 $x_1, x_2 \dots, x_p$ 并且他们之间具有线性关系:

$$y = \beta_0 + \beta_1 x_1 + \cdots + \beta_p x_p + \varepsilon$$

现在我们有 n 组观测值 $(x_{i1}, x_{i2}, \cdots, x_{ip}, y_i), i = 1, 2, \cdots n$, 我们希望通过这 n 组数据对未知参数 $\beta_0, \beta_1, \cdots, \beta_p$ 做出估计.

我们可以得到观测方程 $y_i = \beta_0 + \beta_1 x_{i1} + \cdots + \beta_p x_{ip} + \varepsilon_i, i = 1, 2, \cdots, n$.

可以用矩阵形式来描述上述问题:

$$\begin{pmatrix} y_1 \\ y_2 \\ \vdots \\ y_n \end{pmatrix} = \begin{pmatrix} 1 & x_{11} & \cdots & x_{1p} \\ 1 & x_{21} & \cdots & x_{2p} \\ \vdots & \vdots & & \vdots \\ 1 & x_{n1} & \cdots & x_{np} \end{pmatrix} \begin{pmatrix} \beta_0 \\ \beta_1 \\ \vdots \\ \beta_p \end{pmatrix} + \begin{pmatrix} \varepsilon_1 \\ \varepsilon_2 \\ \vdots \\ \varepsilon_n \end{pmatrix} \tag{2.10}$$

等价地，我们写成如下形式

$$\boldsymbol{y} = \boldsymbol{X\beta} + \boldsymbol{\varepsilon}, \quad \boldsymbol{\varepsilon} \sim N_p(0, \sigma^2 I_n) \tag{2.11}$$

通常为了统计分析，我们还要做两个基本假设.

(1) $(x_{i1}, x_{i2}, \cdots, x_{ip})$ 是确定性变量，不是随机变量，且 $rank(\boldsymbol{X}) = p < n$. 表示 $\boldsymbol{X}$ 列向量不相关，且 $\boldsymbol{X}$ 一定列满秩.

(2) Gauss-Markov 条件，即：①$E(\varepsilon_i) = 0$; ②$Var(\varepsilon_i) = \sigma^2$(等方差)；③当 $i \neq j$ 时，$Cov(\varepsilon_i, \varepsilon_j) = 0$.

获得参数向量的 $\boldsymbol{\beta}$ 的估计一个最重要的方法就是最小二乘法. 该方法的本质就是求使得偏差 $\|\boldsymbol{y} - \boldsymbol{X\beta}\|^2$ 达到最小的 $\boldsymbol{\beta}$. 记

$$Q(\boldsymbol{\beta}) = \|\boldsymbol{y} - \boldsymbol{X\beta}\|^2 = (\boldsymbol{y} - \boldsymbol{X\beta})'(\boldsymbol{y} - \boldsymbol{X\beta}) \tag{2.12}$$

那么我们就可以得到参数的最小二乘估计

$$\hat{\boldsymbol{\beta}} = \underset{\boldsymbol{\beta}}{\operatorname{argmin}} ||\boldsymbol{y} - \boldsymbol{X\beta}||^2$$

为了解该优化问题求得最小二乘估计 $\boldsymbol{\beta}$, 我们将 (2.12) 展开

$$Q(\boldsymbol{\beta}) = \boldsymbol{y}'\boldsymbol{y} - 2\boldsymbol{y}'\boldsymbol{X\beta} + \boldsymbol{\beta}'\boldsymbol{X}'\boldsymbol{X\beta}$$

对 $\boldsymbol{\beta}$ 求偏导，并令其为 0，可以得到

$$-\boldsymbol{X}'\boldsymbol{y} + \boldsymbol{X}'\boldsymbol{X\beta} = 0 \tag{2.13}$$

(2.13) 被称为正则方程组. 这个线性方程组有唯一解的充要条件就是 $\boldsymbol{X}'\boldsymbol{X}$ 的秩为 p, 等价地, $\boldsymbol{X}$ 的秩为 p. 那么我们就可以得到 (2.13) 的唯一解:

$$\hat{\boldsymbol{\beta}} = (\boldsymbol{X}'\boldsymbol{X})^{-1}\boldsymbol{X}'\boldsymbol{y} \tag{2.14}$$

为了证明 $\hat{\boldsymbol{\beta}}$ 是线性回归方程 (2.11) 的最小二乘估计，有如下定理.

定理 2.3 $\hat{\boldsymbol{\beta}}$ 为最小二乘估计量的充分必要条件是 $\hat{\boldsymbol{\beta}}$ 适合正规方程

$$\boldsymbol{X}'\boldsymbol{X\beta} = \boldsymbol{X}'\boldsymbol{y} \tag{2.15}$$

证明 充分性: 需要证明对任意满足 $\boldsymbol{X}'\boldsymbol{X\beta} = X'\boldsymbol{y}$ 的 $\widetilde{\boldsymbol{\beta}}$ 以及对任意 $\boldsymbol{\beta}$, 都有 $Q(\boldsymbol{\beta}) \geqslant Q(\widetilde{\boldsymbol{\beta}})$. 于是我们希望能够将 $Q(\boldsymbol{\beta})$ 写成 $Q(\widetilde{\boldsymbol{\beta}}) + \Delta$ 的形式, 其中 $\Delta \geqslant 0$. 事实上,

$$\begin{aligned} Q(\boldsymbol{\beta}) &= (\boldsymbol{y} - \boldsymbol{X}\widetilde{\boldsymbol{\beta}} + \boldsymbol{X}\widetilde{\boldsymbol{\beta}} - \boldsymbol{X\beta})'(\boldsymbol{y} - \boldsymbol{X}\widetilde{\boldsymbol{\beta}} + \boldsymbol{X}\widetilde{\boldsymbol{\beta}} - \boldsymbol{X\beta}) \\ &= Q(\widetilde{\boldsymbol{\beta}}) + ||\boldsymbol{X}\widetilde{\boldsymbol{\beta}} - \boldsymbol{X\beta}||^2 + 2(\boldsymbol{X}\widetilde{\boldsymbol{\beta}} - \boldsymbol{X\beta})'(\boldsymbol{y} - \boldsymbol{X}\widetilde{\boldsymbol{\beta}}) \end{aligned}$$

又因为

$$(\boldsymbol{X}\widetilde{\boldsymbol{\beta}} - \boldsymbol{X\beta})'(\boldsymbol{y} - \boldsymbol{X}\widetilde{\boldsymbol{\beta}}) = (\widetilde{\boldsymbol{\beta}} - \boldsymbol{\beta})\boldsymbol{X}'(\boldsymbol{y} - \boldsymbol{X}\widetilde{\boldsymbol{\beta}}) = 0$$

则有

$$Q(\boldsymbol{\beta}) = Q(\widetilde{\boldsymbol{\beta}}) + ||\boldsymbol{X}\widetilde{\boldsymbol{\beta}} - \boldsymbol{X\beta}||^2$$

即得到

$$Q(\boldsymbol{\beta}) \geqslant Q(\widetilde{\boldsymbol{\beta}})$$

必要性: 需要证明最小二乘估计 $\hat{\boldsymbol{\beta}}$ 适合正规方程. 由于 $\hat{\boldsymbol{\beta}}$ 是最小二乘估计并且

$$Q(\hat{\boldsymbol{\beta}}) = Q(\widetilde{\boldsymbol{\beta}}) + ||X\widetilde{\boldsymbol{\beta}} - \boldsymbol{X}\hat{\boldsymbol{\beta}}||^2$$

从而

$$Q(\hat{\boldsymbol{\beta}}) \leqslant Q(\widetilde{\boldsymbol{\beta}})$$

进而有

$$\boldsymbol{X}\widetilde{\boldsymbol{\beta}} = \boldsymbol{X}\hat{\boldsymbol{\beta}}$$

又有 $\widetilde{\boldsymbol{\beta}}$ 满足方程 (2.15)，从而

$$\boldsymbol{X}'\boldsymbol{X}\hat{\boldsymbol{\beta}} = \boldsymbol{X}\boldsymbol{X}\widetilde{\boldsymbol{\beta}} = \boldsymbol{X}'\boldsymbol{y}$$

即 $\hat{\boldsymbol{\beta}}$ 也满足正规方程. □

由此，我们就可以得到线性回归方程 (2.11) 的最小二乘估计 $\hat{\boldsymbol{\beta}} = (\hat{\beta}_0, \hat{\beta}_1, \cdots, \hat{\beta}_p)$，带入线性回归方程，去掉误差项，就可以得到

$$\hat{\boldsymbol{y}} = \hat{\beta}_0 + \hat{\beta}_1\boldsymbol{X}_1 + \cdots + \hat{\beta}_p\boldsymbol{X}_p$$

称为经验线性回归方程.

例 2.1 ($\mathbb{R}^3$ 中的线性逼近) 已知 $\boldsymbol{y} = \left(\frac{1}{4}, \frac{1}{4}, 1\right)$，$\boldsymbol{x_1} = \left(1, 0, \frac{1}{4}\right)$，$\boldsymbol{x_2} = \left(0, 1, \frac{1}{4}\right)$，求 $\hat{\boldsymbol{y}} = \alpha_1\boldsymbol{x}_1 + \alpha_2\boldsymbol{x}_2$ 使得 $S = ||\boldsymbol{y} - \alpha_1\boldsymbol{x}_1 - \alpha_2\boldsymbol{x}_2||^2$ 最小.

将点带入 S 有

$$S = (\frac{1}{4} - \alpha_1)^2 + (\frac{1}{4} - \alpha_2)^2 + (1 - \frac{1}{4}\alpha_1 - \frac{1}{4}\alpha_2)^2$$

令 $\langle \boldsymbol{x}_i, \boldsymbol{y} - \alpha_1\boldsymbol{x}_1 - \alpha_2\boldsymbol{x}_2 \rangle = 0$，那么就有

$$\begin{cases} \alpha_1\langle \boldsymbol{x}_1, \boldsymbol{x}_1 \rangle + \alpha_2\langle \boldsymbol{x}_2, \boldsymbol{x}_1 \rangle & = \langle \boldsymbol{y}, \boldsymbol{x}_1 \rangle \\ \alpha_1\langle \boldsymbol{x}_1, \boldsymbol{x}_2 \rangle + \alpha_2\langle \boldsymbol{x}_2, \boldsymbol{x}_2 \rangle & = \langle \boldsymbol{y}, \boldsymbol{x}_2 \rangle \end{cases}$$

从而可求得 α_1 和 α_2.

下面我们从几何的角度来解释最小二乘估计，由于我们得到线性回归方程的最小二乘估计为 $\hat{\boldsymbol{\beta}} = (\boldsymbol{X}'\boldsymbol{X})^{-1}\boldsymbol{X}'\boldsymbol{y}$，记

$$\hat{\boldsymbol{y}} = \boldsymbol{X}\hat{\boldsymbol{\beta}} = \boldsymbol{X}(\boldsymbol{X}'\boldsymbol{X})^{-1}\boldsymbol{X}'\boldsymbol{y} \tag{2.16}$$

而且可以得到

$$Q(\hat{\boldsymbol{\beta}}) = ||\boldsymbol{y} - \boldsymbol{X}\hat{\boldsymbol{\beta}}||^2 = \boldsymbol{y}'(\boldsymbol{I} - \boldsymbol{X}(\boldsymbol{X}'\boldsymbol{X}^{-1})\boldsymbol{X}')\boldsymbol{y} = \boldsymbol{y}'(I - H)\boldsymbol{y}$$

$\hat{\boldsymbol{y}}$ 表示为根据经验线性方程组得到的因变量 $\boldsymbol{y}$，其中 $\boldsymbol{X}(\boldsymbol{X}'\boldsymbol{X})^{-1}\boldsymbol{X}'$ 被称为“帽子”矩阵，容易验证 $\boldsymbol{H}$ 是一个投影阵.

图 2.1 表示了最小二乘估计的几何形式. 我们用 $\boldsymbol{x_0}, \boldsymbol{x_1}, \cdots, \boldsymbol{x_p}$ 表示设计矩阵 $\boldsymbol{X}$ 的列向量, 其中 $\boldsymbol{x}_0$ 是全为 1 的向量. 这些向量张成了 $\mathbb{R}^n$ 的一个子空间, 被称为 $\boldsymbol{X}$ 的列空间. 我们通过最小化 $||\boldsymbol{y} - X\boldsymbol{\beta}||^2$ 来确定 $\hat{\boldsymbol{\beta}}$, 使得残差向量 $\|\boldsymbol{y} - \hat{\boldsymbol{y}}\|$ 与列空间正交. 这个正交性质体现在正规方程 (2.13) 上:

$$\boldsymbol{X}'(\boldsymbol{y} - \boldsymbol{X}\hat{\boldsymbol{\beta}}) = 0 \Longleftrightarrow \boldsymbol{X}'(\boldsymbol{y} - \hat{\boldsymbol{y}}) = 0$$

通过上式, 我们就可以发现最小二乘估计使得残差向量 $\boldsymbol{y} - \hat{\boldsymbol{y}}$ 与列空间正交, 从而我们就有 $\hat{\boldsymbol{y}}$ 就是 $\boldsymbol{y}$ 在这个子空间上的正交投影.

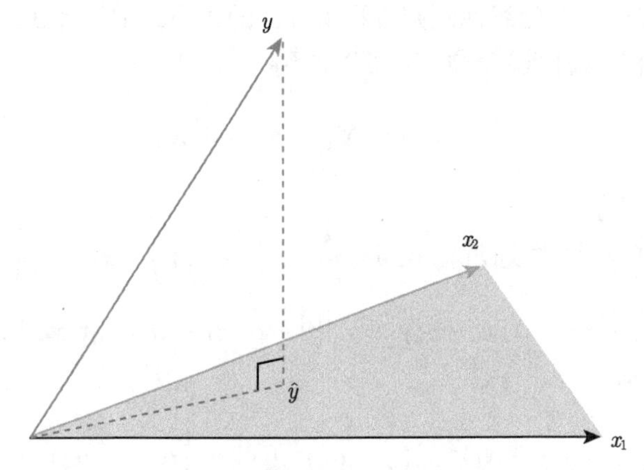

图 2.1　最小二乘法的几何解释

由于我们知道当 $\boldsymbol{X}$ 是列满秩的时候, 得到的最小二乘估计是唯一的. 即当 $\boldsymbol{x}_0, \boldsymbol{x}_1, \cdots, \boldsymbol{x}_p$ 是线性无关的时候, 最小二乘估计是唯一的. 然而我们会碰到 $\boldsymbol{x}_0, \boldsymbol{x}_1, \cdots, \boldsymbol{x}_p$ 是线性相关的情况, 那么 $\boldsymbol{X}'\boldsymbol{X}$ 是奇异的, 并且最小二乘估计 $\hat{\boldsymbol{\beta}}$ 就不是唯一确定的. 然而拟合值 $\hat{\boldsymbol{y}}$ 仍然是唯一的, 这是因为最小值 $Q(\boldsymbol{\beta})$ 是唯一的. 由于 $\boldsymbol{X}$ 的列向量来表达该投影 $\hat{\boldsymbol{y}} = \boldsymbol{X}\boldsymbol{\beta}$ 的方法不止一种, 所以就出现了最小二乘估计并非唯一但是投影唯一的情况.

2.2.2　最小二乘估计的统计性质

最小二乘估计是最重要的估计, 这是源于最小二乘估计有许多优良的性质.

1. $\hat{\boldsymbol{\beta}}$ 和 $Q(\hat{\boldsymbol{\beta}})$ 的数字特征

在给出估计量的数字特征时, 我们只要求线性模型满足 Gauss-Markov 条件.

引理 2.1　若 $E\boldsymbol{X} = \boldsymbol{\mu}, Cov(\boldsymbol{X}) = \Sigma$, 则对任意常数矩阵 $\boldsymbol{A}$, 有 $E(\boldsymbol{X}'\boldsymbol{A}\boldsymbol{X}) = tr(\boldsymbol{A}\boldsymbol{\Sigma}) + \boldsymbol{\mu}'\boldsymbol{A}\boldsymbol{\mu}$.

证明 由于

$$
\begin{aligned}
E(\boldsymbol{X}'\boldsymbol{A}\boldsymbol{X}) &= E((\boldsymbol{X}-\boldsymbol{\mu}+\boldsymbol{\mu})'\boldsymbol{A}(\boldsymbol{X}-\boldsymbol{\mu}+\boldsymbol{\mu})) \\
&= E((\boldsymbol{X}-\boldsymbol{\mu})'\boldsymbol{A}(\boldsymbol{X}-\boldsymbol{\mu}))+E((\boldsymbol{X}-\boldsymbol{\mu})'\boldsymbol{A}\boldsymbol{\mu})+E(\boldsymbol{\mu}'\boldsymbol{A}(\boldsymbol{X}-\boldsymbol{\mu}))+E(\boldsymbol{\mu}'\boldsymbol{A}\boldsymbol{\mu})
\end{aligned}
$$

又

$$
E(\boldsymbol{\mu}'\boldsymbol{A}(\boldsymbol{X}-\boldsymbol{\mu})) = 0, \quad E((\boldsymbol{X}-\boldsymbol{\mu})'\boldsymbol{A}\boldsymbol{\mu}) = 0
$$

根据 $\Sigma = E[(\boldsymbol{X}-\boldsymbol{\mu})(\boldsymbol{X}-\boldsymbol{\mu})']$, 则

$$
\begin{aligned}
E((\boldsymbol{X}-\boldsymbol{\mu})'\boldsymbol{A}(\boldsymbol{X}-\boldsymbol{\mu})) &= E(tr((\boldsymbol{X}-\boldsymbol{\mu})'\boldsymbol{A}(\boldsymbol{X}-\boldsymbol{\mu}))) \\
&= E(tr((\boldsymbol{A}(\boldsymbol{X}-\boldsymbol{\mu})\boldsymbol{X}-\boldsymbol{\mu})')) = tr(\boldsymbol{A}\boldsymbol{\Sigma})
\end{aligned}
$$

综上, 就有

$$
E(\boldsymbol{X}'\boldsymbol{A}\boldsymbol{X}) = tr(\boldsymbol{A}\boldsymbol{\Sigma}) + \boldsymbol{\mu}'\boldsymbol{A}\boldsymbol{\mu}
$$

□

推论 2.1 $x_i \overset{i.i.d}{\sim} N(\mu,\sigma^2), i=1,2,\cdots,n$. 则样本方差 $S^2 = \frac{1}{n-1}\sum_{i=1}^n(x_i - \bar{x})^2$ 为 σ^2 的无偏估计.

证明 记 $Q=(n-1)S^2, \bar{X}=\frac{1}{n}\boldsymbol{1}'\boldsymbol{X}$, 则有

$$
\begin{aligned}
Q &= \sum_{i=1}^n (x_i-\bar{x})^2 \\
&= (\boldsymbol{X}-\boldsymbol{1}\bar{\boldsymbol{X}})'(\boldsymbol{X}-\boldsymbol{1}\bar{\boldsymbol{X}}) \\
&= (\boldsymbol{C}\boldsymbol{X})'\boldsymbol{C}\boldsymbol{X} \\
&= \boldsymbol{X}'\boldsymbol{C}'\boldsymbol{C}\boldsymbol{X} \\
&= \boldsymbol{X}'\boldsymbol{C}\boldsymbol{X}
\end{aligned}
$$

其中 $\boldsymbol{C} = I_n - \frac{1}{n}\boldsymbol{1}'\boldsymbol{1}$, 从而

$$
\begin{aligned}
E(Q) &= E(\boldsymbol{X}'\boldsymbol{C}\boldsymbol{X}) \\
&= (\boldsymbol{E}\boldsymbol{X})'\boldsymbol{C}\cdot\boldsymbol{E}\boldsymbol{X} + tr(\sigma^2 C) \\
&= \mu^2\cdot\boldsymbol{1}'\boldsymbol{C}\boldsymbol{1} + \sigma^2 tr(\boldsymbol{C}) \\
&= (n-1)\sigma^2
\end{aligned}
$$

那么

$$
E(S^2) = \sigma^2
$$

综上, 可以得到样本方差 S^2 为 σ^2 的无偏估计. □

定理 2.4 对于线性回归模型, 最小二乘估计 $\hat{\boldsymbol{\beta}}$ 有下列性质:
(1)$E(\hat{\boldsymbol{\beta}}) = \boldsymbol{\beta}$;
(2)$Cov(\hat{\boldsymbol{\beta}}) = \sigma^2(\boldsymbol{X}'\boldsymbol{X})^{-1}$;
(3)$E(Q(\hat{\boldsymbol{\beta}})) = (n-p)\sigma^2$.

证明 (1) 由于 $E(\boldsymbol{y}) = \boldsymbol{X\beta}$, 则

$$E(\hat{\boldsymbol{\beta}}) = (\boldsymbol{X}'\boldsymbol{X})^{-1}\boldsymbol{X}'E(\boldsymbol{y}) = (\boldsymbol{X}'\boldsymbol{X})^{-1}\boldsymbol{X}'\boldsymbol{X}\boldsymbol{\beta} = \boldsymbol{\beta}$$

.

(2) 由于 $Cov(\boldsymbol{y}) = Cov(\boldsymbol{\varepsilon}) = \sigma^2 I$, 那么就有

$$\begin{aligned} Cov(\hat{\boldsymbol{\beta}}) &= Cov[(\boldsymbol{X}'\boldsymbol{X})^{-1}\boldsymbol{X}'\boldsymbol{y}] \\ &= (\boldsymbol{X}'\boldsymbol{X})^{-1}\boldsymbol{X}'Cov(\boldsymbol{y})\boldsymbol{X}(\boldsymbol{X}'\boldsymbol{X})^{-1} \\ &= (\boldsymbol{X}'\boldsymbol{X})^{-1}\boldsymbol{X}'\sigma^2\boldsymbol{I}\boldsymbol{X}(\boldsymbol{X}'\boldsymbol{X})^{-1} \\ &= \sigma^2(\boldsymbol{X}'\boldsymbol{X})^{-1} \end{aligned}$$

(3) 已知 $\boldsymbol{y} = \boldsymbol{X\beta} + \boldsymbol{\varepsilon}$, $E(\boldsymbol{y}) = \boldsymbol{X\beta}$, 则有

$$\begin{aligned} E(Q(\hat{\boldsymbol{\beta}})) &= E(\boldsymbol{y}'(\boldsymbol{I_n} - \boldsymbol{X}(\boldsymbol{X}'\boldsymbol{X})^{-1}\boldsymbol{X}')\boldsymbol{y}) \\ &= (\boldsymbol{X}\hat{\boldsymbol{\beta}})'(\boldsymbol{I_n} - \boldsymbol{X}(\boldsymbol{X}'\boldsymbol{X})^{-1}\boldsymbol{X}')\sigma^2 \\ &= (n-p)\sigma^2 \end{aligned}$$

□

这个定理表示，最小二乘估计 $\hat{\boldsymbol{\beta}}$ 是 $\boldsymbol{\beta}$ 的无偏估计，这就说明该估计没有系统性偏差.

2. $\hat{\boldsymbol{\beta}}$ 和 $Q(\hat{\boldsymbol{\beta}})$ 的分布

由于要给出估计量的分布，因此这里我们除了要求线性模型满足 Gauss-Markov 条件之外，还要满足正态分布.

引理 2.2 $\boldsymbol{x} \sim N(\boldsymbol{\mu}, \boldsymbol{\Sigma})$, 则 $\boldsymbol{y} = \boldsymbol{Ax} + \boldsymbol{b}, \boldsymbol{y} \sim N(\boldsymbol{A\mu} + \boldsymbol{b}, \boldsymbol{A\Sigma A}')$.

证明 进行多元正态标准化, 即: $\boldsymbol{x} - \boldsymbol{\mu} \sim N(0, \boldsymbol{\Sigma}), \Sigma^{-\frac{1}{2}}(\boldsymbol{x} - \boldsymbol{\mu}) \sim N(0, \boldsymbol{I})$ $\boldsymbol{y}$ 是 $\boldsymbol{x}$ 的线性变换, 因此 $\boldsymbol{y}$ 是正态的. □

引理 2.3 若 $\boldsymbol{x} \sim N(0, \boldsymbol{\Sigma})$, 其中 Σ 是正定矩阵, 则 $\boldsymbol{x}'\boldsymbol{\Sigma}^{-1}\boldsymbol{x} \sim \chi_n^2$.

证明 由多元正态标准化可得

$$\Sigma^{-\frac{1}{2}}\boldsymbol{x} \sim N(0, \boldsymbol{I}) \Rightarrow \boldsymbol{y}'\boldsymbol{y} = \boldsymbol{x}'\boldsymbol{\Sigma}^{-1}\boldsymbol{x} \sim \boldsymbol{\chi_n^2}$$

□

引理 2.4 若 $\boldsymbol{x} \sim N(0, \boldsymbol{I}_n), \boldsymbol{A^2} = \boldsymbol{A}, \boldsymbol{A}' = \boldsymbol{A}$ 且 $rank(\boldsymbol{A}) = r$, 则 $\boldsymbol{x}'\boldsymbol{A}\boldsymbol{x} \sim \chi_r^2$

证明 对称幂等阵的特征值只能是 0 或 1. 记 λ 为特征值, φ 为对应的特征向量.

$$\lambda\boldsymbol{\varphi}'\boldsymbol{\varphi}=\boldsymbol{\varphi}'\lambda\boldsymbol{\varphi}=\boldsymbol{\varphi}'\boldsymbol{A}\boldsymbol{\varphi}=\boldsymbol{\varphi}'\boldsymbol{A}^2\boldsymbol{\varphi}=(\boldsymbol{A}\varphi)'\boldsymbol{A}\varphi=\lambda^2\boldsymbol{\varphi}'\boldsymbol{\varphi}$$

因此 $\lambda=0$ 或 $\lambda=1$. 存在正交阵 $\boldsymbol{Q}$, 使得 $\boldsymbol{A}=\boldsymbol{Q}\begin{pmatrix}\Lambda & 0\\ 0 & 0\end{pmatrix}\boldsymbol{Q}$. 令 $\boldsymbol{y}=Q\boldsymbol{x}$, 则 $\boldsymbol{y}\sim N(0,\boldsymbol{I}_n)$, 标准正态正交变换之后还是标准正态. 而

$$\boldsymbol{X}'\boldsymbol{A}\boldsymbol{X}'=\boldsymbol{X}'\boldsymbol{Q}'\begin{pmatrix}\boldsymbol{I}_r & 0\\ 0 & 0\end{pmatrix}\boldsymbol{Q}\boldsymbol{x}=\boldsymbol{y}_1^2+\cdots\boldsymbol{y}_r^2\sim\chi_r^2$$

□

引理 2.5 若 $\boldsymbol{x}\sim N(0,\boldsymbol{I}_n),\boldsymbol{A}'=\boldsymbol{A},\boldsymbol{B}_{\boldsymbol{m}\times\boldsymbol{n}}$ 若 $\boldsymbol{B}\boldsymbol{A}=0$, 则 $\boldsymbol{B}\boldsymbol{x}$ 与 $\boldsymbol{x}'\boldsymbol{A}\boldsymbol{x}$ 独立.

证明 $\boldsymbol{A}$ 为对称阵, 存在正交阵, 使得 $\boldsymbol{A}=\boldsymbol{Q}\begin{pmatrix}\varLambda & 0\\ 0 & 0\end{pmatrix}\boldsymbol{Q}'$, 其中 $\boldsymbol{\varLambda}=diag(\lambda_1,\cdots\lambda_r)$, r 为 $\boldsymbol{A}$ 的秩. 将 $\boldsymbol{Q}$ 进行列分块, $\boldsymbol{Q}=(\boldsymbol{Q}_1,\boldsymbol{Q}_2)$, 其中 $\boldsymbol{Q}_1$ 为 n 列 r 行.

令 $\boldsymbol{y}=\boldsymbol{Q}'\boldsymbol{x}=\begin{pmatrix}\boldsymbol{y}_1\\ \boldsymbol{y}_2\end{pmatrix}=\begin{pmatrix}\boldsymbol{Q}_1'\boldsymbol{x}\\ \boldsymbol{Q}_2'\boldsymbol{x}\end{pmatrix}$, 由于 $\boldsymbol{y}\sim N(0,I_n)$, 此时 $\boldsymbol{y}_1$ 和 $\boldsymbol{y}_2$ 独立. 则

$$\begin{aligned}\boldsymbol{x}'\boldsymbol{A}\boldsymbol{x}&=\boldsymbol{x}'\boldsymbol{Q}\boldsymbol{\varLambda}\boldsymbol{Q}'\boldsymbol{x}\\&=\boldsymbol{x}'(\boldsymbol{Q}_1\boldsymbol{Q}_2)\begin{pmatrix}\boldsymbol{\varLambda} & 0\\ 0 & 0\end{pmatrix}\begin{pmatrix}\boldsymbol{Q}_1'\\ \boldsymbol{Q}_2'\end{pmatrix}\boldsymbol{x}\\&=\boldsymbol{x}'\boldsymbol{Q}_1\boldsymbol{\varLambda}\boldsymbol{Q}_1'\boldsymbol{x}\\&=\boldsymbol{y}_1'\boldsymbol{\varLambda}\boldsymbol{y}_1\end{aligned}$$

$\boldsymbol{B}\boldsymbol{x}=\boldsymbol{B}\boldsymbol{Q}\boldsymbol{y}\triangleq\boldsymbol{D}\boldsymbol{y}$, 往证 $\boldsymbol{D}\boldsymbol{y}$ 是 $\boldsymbol{y}_2$ 的函数. 由于 $\boldsymbol{B}\boldsymbol{A}=0$, 于是 $\boldsymbol{B}\boldsymbol{Q}\boldsymbol{Q}'\boldsymbol{A}\boldsymbol{Q}=\boldsymbol{D}\begin{pmatrix}\boldsymbol{\varLambda} & 0\\ 0 & 0\end{pmatrix}=0$. 将 $\boldsymbol{D}$ 分块, $\boldsymbol{D}=(\boldsymbol{D}_1,\boldsymbol{D}_2)$, 其中 $\boldsymbol{D}_1$ 为 $m\times r$ 矩阵, 则 $\boldsymbol{D}_1=0$.

因此 $\boldsymbol{B}\boldsymbol{x}=\boldsymbol{B}\boldsymbol{Q}\boldsymbol{y}=(\boldsymbol{D}_1,\boldsymbol{D}_2)\begin{pmatrix}\boldsymbol{y}_1\\ \boldsymbol{y}_2\end{pmatrix}=\boldsymbol{D}_2\boldsymbol{y}_2$. □

推论 2.2 (抽样分布定理) $X_i\overset{\text{i.i.d}}{\sim}N(\mu,\sigma^2)$, 则

(1) $\bar{X}\sim N\left(\mu,\dfrac{\sigma^2}{n}\right)$;

(2) $(n-1)S^2/\sigma^2\sim\chi_{n-1}^2$;

(3) S^2 和 $\bar{X}$ 独立.

证明 (1) 显然.

(2) 记 $\boldsymbol{y} = \dfrac{\boldsymbol{X} - \mu \cdot \mathbf{1}}{\sigma} \sim N(0, I_n)$, 那么

$$\begin{aligned} Q = (n-1)S^2/\sigma^2 &= \left(\sum_{i=1}^{n} X_i - \bar{X}^2 \right) /\sigma^2 \\ &= (\boldsymbol{X} - \bar{\boldsymbol{X}} \cdot \mathbf{1})'(\boldsymbol{X} - \bar{\boldsymbol{X}} \cdot \mathbf{1})/\sigma^2 \\ &= (\boldsymbol{X} - \frac{1}{n}\mathbf{1} \cdot \mathbf{1}'\boldsymbol{X})'(\boldsymbol{X} - \frac{1}{n}\mathbf{1} \cdot \mathbf{1}'\boldsymbol{X})/\sigma^2 \\ &= \boldsymbol{X}'(I_n - \frac{1}{n}\mathbf{1} \cdot \mathbf{1}')\boldsymbol{X}/\sigma^2 \\ &= \boldsymbol{X}'\boldsymbol{C}\boldsymbol{X}/\sigma^2 \\ &= (\sigma\boldsymbol{y} + \mu \cdot \mathbf{1})'\boldsymbol{C}(\sigma\boldsymbol{y} + \mu \cdot \mathbf{1})/\sigma^2 \\ &= \boldsymbol{y}'\boldsymbol{C}\boldsymbol{y} \end{aligned}$$

又 $rank(\boldsymbol{C}) = tr(\boldsymbol{C}) = n - 1$，则

$$(n-1)S^2/\sigma^2 \sim \chi^2_{n-1}$$

(3) $\bar{X} = \dfrac{1}{n}\mathbf{1}'\boldsymbol{X}, (n-1)S^2 = \boldsymbol{X}'\boldsymbol{C}\boldsymbol{X}$. □

推论 2.3　(1)$\hat{\boldsymbol{\beta}} \sim N(\boldsymbol{\beta}, \sigma^2(\boldsymbol{X}'\boldsymbol{X})^{-1})$.

(2) $Q(\hat{\boldsymbol{\beta}})/\sigma^2 \sim \chi^2_{n-p}$.

(3) $\hat{\boldsymbol{\beta}}$ 和 $Q(\hat{\boldsymbol{\beta}})$ 相互独立.

证明　(1) 显然.

(2)

$$\begin{aligned} Q(\hat{\boldsymbol{\beta}}) &= ||\boldsymbol{y} - \boldsymbol{X}\hat{\boldsymbol{\beta}}||^2 \\ &= (\boldsymbol{y} - \boldsymbol{X}\hat{\boldsymbol{\beta}})'(\boldsymbol{y} - \boldsymbol{X}\hat{\boldsymbol{\beta}}) \\ &= (\boldsymbol{y} - \boldsymbol{X}(\boldsymbol{X}'\boldsymbol{X})^{-1}\boldsymbol{X}'\boldsymbol{y})'(\boldsymbol{y} - \boldsymbol{X}(\boldsymbol{X}'\boldsymbol{X})^{-1}\boldsymbol{X}'\boldsymbol{y}) \\ &= \boldsymbol{y}'(\boldsymbol{I} - \boldsymbol{X}(\boldsymbol{X}'\boldsymbol{X})^{-1}\boldsymbol{X}')\boldsymbol{y} \\ &= (\boldsymbol{X}\boldsymbol{\beta} + \boldsymbol{\varepsilon})'\boldsymbol{H}(\boldsymbol{X}\boldsymbol{\beta} + \boldsymbol{\varepsilon}) \\ &= \boldsymbol{\varepsilon}'\boldsymbol{H}\boldsymbol{\varepsilon} \end{aligned}$$

因为 $\varepsilon \sim N(0, \sigma^2 I_n)$，即 $\dfrac{\boldsymbol{\varepsilon}}{\sigma} \sim N(0, I_n)$. 因此 $Q(\hat{\boldsymbol{\beta}})/\sigma^2 = (\varepsilon/\sigma)'H(\varepsilon/\sigma)$ 服从 χ^2 分布. 而 $rank(\boldsymbol{H}) = tr(\boldsymbol{I} - \boldsymbol{X}(\boldsymbol{X}'\boldsymbol{X})^{-1}\boldsymbol{X}') = n - p$.

(3) $\hat{\boldsymbol{\beta}} = (\boldsymbol{X}'\boldsymbol{X})^{-1}\boldsymbol{X}'\boldsymbol{y}, Q(\hat{\boldsymbol{\beta}}) = \boldsymbol{y}'\boldsymbol{H}\boldsymbol{y}$ 显然 $(\boldsymbol{X}'\boldsymbol{X})^{-1}\boldsymbol{X}'\boldsymbol{H} = 0$，因此 $\hat{\boldsymbol{\beta}}$ 和 $Q(\hat{\boldsymbol{\beta}})$ 相互独立. □

2.2.3 最小二乘估计的最优性

1. 线性可估性

问题：线性模型 $\boldsymbol{y}=\boldsymbol{X\beta}+\varepsilon$ 的参数 $\boldsymbol{\beta}$ 是否一定存在无偏估计？

例子：两个物体重 β_1 和 β_2，放天平上一起称 n 次，求两个物体重量.

线性模型 $y_i=\beta_1+\beta_2+\boldsymbol{\varepsilon}_i,\boldsymbol{\varepsilon}_i\overset{\text{i.i.d}}{\sim}N(0,\sigma^2),\quad i=1,2,\cdots,n$. 如何估计 β_1,β_2? 是否存在无偏估计？

证明 反证，若 β_1 有无偏估计 $\varphi(y_1,y_2,\cdots,y_n)$，即 $E(\varphi(y_1,y_2,\cdots,y_n))=\beta_1$. 则 $E(\varphi(\beta_1+\beta_2+\boldsymbol{\varepsilon}_1,\beta_1+\beta_2+\boldsymbol{\varepsilon}_2,\cdots,\beta_1+\beta_2+\boldsymbol{\varepsilon}_n))=g(\beta_1+\beta_2)=\beta_1$. 因为 $g(0)=g(0+0)=0=g(1-1)=1$. 矛盾. □

定义 2.1 (线性可估性) 称 $\boldsymbol{c}'\boldsymbol{\beta}$ 是线性可估的，若存在 $\boldsymbol{y}$ 的线性函数 $a'\boldsymbol{y}$，使得 $E(a'\boldsymbol{y})=\boldsymbol{c}'\boldsymbol{\beta}$.

若 $\boldsymbol{X}$ 列满秩，则 $\boldsymbol{c}'\boldsymbol{\beta}$ 必线性可估计. $E(c'(\boldsymbol{X}'\boldsymbol{X})^{-1}\boldsymbol{X}'\boldsymbol{y})=c'\boldsymbol{\beta}$. 在什么情况下，存在 $\boldsymbol{c}'\boldsymbol{\beta}$ 的无偏估计？要存在无偏估计，则 $E(a'\boldsymbol{y})=a'E(\boldsymbol{y})=a'\boldsymbol{X\beta}=c'\boldsymbol{\beta}$. 因此，由 $\boldsymbol{\beta}$ 的任意性，$\boldsymbol{a}'\boldsymbol{X}=\boldsymbol{c}'\Longrightarrow\boldsymbol{c}\in U(\boldsymbol{X}')$. 即 $\boldsymbol{c}$ 是 $\boldsymbol{X}'$ 的行向量的线性组合. 上例中，X 的行 $(1,1),\boldsymbol{c}=\begin{pmatrix}1\\0\end{pmatrix}$. 不可能线性表出.

定理 2.5 $\boldsymbol{c}'\beta$ 线性可估 $\Longleftrightarrow\boldsymbol{c}$ 落在 $\boldsymbol{X}$ 的行空间中 $(\boldsymbol{c}\in U(\boldsymbol{X}'))$.

证明 “$\Leftarrow$”(充分性): 由于 $\boldsymbol{c}\in U(\boldsymbol{X}')$，因此 $\boldsymbol{c}'=\boldsymbol{a}'\boldsymbol{X}$，则 $E(\boldsymbol{a}'\boldsymbol{y})=\boldsymbol{c}'\boldsymbol{\beta}$. “$\Rightarrow$” (必要性): 由于 $\boldsymbol{c}'\beta$ 线性可估，即存在 $\boldsymbol{a}'$，使得 $E(\boldsymbol{a}'\boldsymbol{y})=c'\boldsymbol{\beta}$. 即 $\boldsymbol{a}'\boldsymbol{X\beta}=\boldsymbol{c}'\boldsymbol{\beta}\Longrightarrow(\boldsymbol{a}'\boldsymbol{X}-\boldsymbol{c}')\boldsymbol{\beta}=0,\forall\boldsymbol{\beta}\in\mathbb{R}^p$. 从而 $\boldsymbol{a}'\boldsymbol{X}=\boldsymbol{c}'$. □

2. Gauss-Markov 定理

定理 2.6 $\hat{\beta}$ 是 $\boldsymbol{\beta}$ 的最小二乘估计，那么如果 $c'\boldsymbol{\beta}$ 线性可估，则 $c'\hat{\boldsymbol{\beta}}$ 必为 $c'\boldsymbol{\beta}$ 的唯一的最小方差线性无偏估计.

证明 方法一：初等方法（$\boldsymbol{X}$ 列满秩）

由于 $\boldsymbol{c}'\beta$ 线性可估，存在无偏的线性估计，因此

$$\boldsymbol{c}'\boldsymbol{\beta}=E(\boldsymbol{c}'\boldsymbol{y})=\boldsymbol{a}'\boldsymbol{X\beta}\Longrightarrow\boldsymbol{c}'\boldsymbol{X}(\forall\boldsymbol{\beta}\in\mathbb{R}^p)$$

而

$$\boldsymbol{c}'\hat{\boldsymbol{\beta}}=\boldsymbol{c}'(\boldsymbol{X}'\boldsymbol{X})^{-1}\boldsymbol{X}'\boldsymbol{y}\overset{\Delta}{=}a'\boldsymbol{y}$$

此时

$$\boldsymbol{a}=\boldsymbol{X}(\boldsymbol{X}'\boldsymbol{X})^{-1}\boldsymbol{c}$$

显然 $c'\hat{\beta}$ 是 $c'\beta$ 的无偏估计，需说明 $\boldsymbol{c}'\hat{\boldsymbol{\beta}}$ 的方差是所有线性无偏估计中方差最小的. 即

$$Var(\boldsymbol{c}'\hat{\boldsymbol{\beta}}) \leqslant Var(\boldsymbol{a}'\boldsymbol{y}), \quad \forall a,$$

满足

$$E(\boldsymbol{a}'\boldsymbol{y}) = \boldsymbol{a}'\boldsymbol{X}\boldsymbol{\beta} = \boldsymbol{c}'\boldsymbol{\beta}.$$

(1) 首先，考察 $\boldsymbol{c}'\hat{\boldsymbol{\beta}}$ 的方差.

$$\begin{aligned} Var(\boldsymbol{c}'\hat{\boldsymbol{\beta}}) &= Var(\boldsymbol{c}'(\boldsymbol{X}'\boldsymbol{X})^{-1}\boldsymbol{X}'\boldsymbol{y}) \\ &= \sigma^2\boldsymbol{c}'(\boldsymbol{X}'\boldsymbol{X})^{-1}\boldsymbol{c} \\ &= \sigma^2\boldsymbol{c}'(\boldsymbol{X}'\boldsymbol{X})^{-1}\boldsymbol{X}'\boldsymbol{X}(\boldsymbol{X}'\boldsymbol{X})^{-1}\boldsymbol{c} \\ &= \sigma^2||\boldsymbol{X}(\boldsymbol{X}'\boldsymbol{X})^{-1}\boldsymbol{c}||^2 \end{aligned}$$

(2) 其次，对 $\forall \boldsymbol{a}, \boldsymbol{a}'\boldsymbol{y}$ 的方差，$Var(\boldsymbol{a}'\boldsymbol{y}) = \sigma^2||\boldsymbol{a}||^2$.

(3) 比较 $||\boldsymbol{a}||$ 和 $||\boldsymbol{X}(\boldsymbol{X}'\boldsymbol{X})^{-1}\boldsymbol{c}||$ 的大小.

$$\begin{aligned} ||\boldsymbol{a}||^2 &= ||\boldsymbol{a} - \boldsymbol{X}(\boldsymbol{X}'\boldsymbol{X})^{-1}\boldsymbol{c} + \boldsymbol{X}(\boldsymbol{X}'\boldsymbol{X})^{-1}\boldsymbol{c}||^2 \\ &= ||\boldsymbol{a} - \boldsymbol{X}(\boldsymbol{X}'\boldsymbol{X})^{-1}\boldsymbol{c}||^2 + ||\boldsymbol{X}(\boldsymbol{X}'\boldsymbol{X})^{-1}\boldsymbol{c}||^2 \\ &\quad + \underbrace{2\boldsymbol{c}'(\boldsymbol{X}'\boldsymbol{X})^{-1}\boldsymbol{X}'(\boldsymbol{a} - \boldsymbol{X}(\boldsymbol{X}'\boldsymbol{X})^{-1}\boldsymbol{c})} \\ &\geqslant ||\boldsymbol{X}(\boldsymbol{X}'\boldsymbol{X})^{-1}\boldsymbol{c}||^2 \end{aligned}$$

注 令 $c = \boldsymbol{X}'\boldsymbol{a}$, 可得

$$2[\boldsymbol{c}'(\boldsymbol{X}'\boldsymbol{X})^{-1}\boldsymbol{X}'\boldsymbol{a} - \boldsymbol{c}'(\boldsymbol{X}'\boldsymbol{X})^{-1}\boldsymbol{X}'\boldsymbol{X}(\boldsymbol{X}'\boldsymbol{X})^{-1}\boldsymbol{c}] = 0$$

方法二：投影方法

(1) 构造 $\boldsymbol{c}'\boldsymbol{\beta}$ 的最小方差无偏估计

$$Var(\boldsymbol{a}'\boldsymbol{y}) = \sigma^2||\boldsymbol{a}||^2.$$

"好"的估计应满足 $E(\boldsymbol{a}'\boldsymbol{y}) = \boldsymbol{c}'\boldsymbol{\beta}$. 同时 $||\boldsymbol{a}||^2$ 尽量小.

将 $\boldsymbol{a}$ 分解成 $\boldsymbol{X}$ 列空间的部分以及与列空间正交的部分:

$$\boldsymbol{a} = \boldsymbol{a}^* + \tilde{\boldsymbol{a}}, \qquad 其中 \quad \boldsymbol{a}^* = \underset{U(\boldsymbol{X})}{Proj}\ \boldsymbol{a}, \quad \tilde{\boldsymbol{a}} \perp \boldsymbol{\mu}(\boldsymbol{X})$$

此时，

$$\begin{aligned} E(\boldsymbol{a}'\boldsymbol{y}) &= E(\boldsymbol{a}^{*\prime}\boldsymbol{y} + \widetilde{\boldsymbol{a}}'\boldsymbol{y}) \\ &= \boldsymbol{a}^{*\prime}\boldsymbol{X}\boldsymbol{\beta} + \underbrace{\widetilde{\boldsymbol{a}}'X\boldsymbol{\beta}}_{0} \\ &= \boldsymbol{a}^{*\prime}\boldsymbol{X}\boldsymbol{\beta} \end{aligned}$$

因此，$\boldsymbol{a}^{*\prime}\boldsymbol{y}$ 也是 $\boldsymbol{c}'\boldsymbol{\beta}$ 的无偏估计. 显然 $\boldsymbol{a}^{*\prime}\boldsymbol{y}$ 的方差比 $\boldsymbol{a}'\boldsymbol{y}$ 小.

(2) 证明 $\boldsymbol{a}^{*\prime}\boldsymbol{y}$ 有最小方差

设 $\boldsymbol{b}'\boldsymbol{y}$ 是 $\boldsymbol{c}'\boldsymbol{\beta}$ 的任一无偏估计，往证 $Var(\boldsymbol{b}'\boldsymbol{y}) \leqslant Var(\boldsymbol{a}^{*\prime}\boldsymbol{y})$.

同样，将 $\boldsymbol{b}$ 分解成 $\boldsymbol{X}$ 列空间的部分以及与列空间正交的部分:

$$\boldsymbol{b} = \boldsymbol{b}^* + \widetilde{\boldsymbol{b}} \qquad \text{其中} \quad \boldsymbol{b}^* = \underset{\mu(X)}{Proj}\ \boldsymbol{b}, \quad \widetilde{\boldsymbol{b}} \perp \boldsymbol{\mu}(\boldsymbol{X})$$

显然，

$$0 = E(\boldsymbol{a}^{*\prime}\boldsymbol{y} - \boldsymbol{b}^{*\prime}\boldsymbol{y}) = (\boldsymbol{a}^* - \boldsymbol{b}^*)'\boldsymbol{X}\boldsymbol{\beta} = E(\boldsymbol{a}'\boldsymbol{y}) - E(\boldsymbol{b}'\boldsymbol{y}) = \boldsymbol{c}'\boldsymbol{\beta} - \boldsymbol{c}'\boldsymbol{\beta} = 0$$

由 $\boldsymbol{\beta}$ 的任意性，$(\boldsymbol{a}^* - \boldsymbol{b}^*)'\boldsymbol{X} = 0$. 而 $\boldsymbol{a}^* - \boldsymbol{b}^* \in \mu(\boldsymbol{X}) \Longrightarrow \boldsymbol{a}^* = \boldsymbol{b}^*$

也就是说: 只要是 $\boldsymbol{c}'\boldsymbol{\beta}$ 的无偏估计，其组合系数在 $\mu(X)$ 上的投影就是 $\boldsymbol{a}^*$. 而且，

$$\begin{aligned} Var(\boldsymbol{b}'\boldsymbol{y}) &= \boldsymbol{b}'Cov(\boldsymbol{y})\boldsymbol{b} \\ &= \sigma^2||\boldsymbol{b}||^2 \\ &= \sigma^2(||\boldsymbol{b}^*||^2 + ||\widetilde{\boldsymbol{b}}||^2) \\ &= \sigma(||\boldsymbol{a}^*||^2 + ||\widetilde{\boldsymbol{b}}||^2) \\ &\geqslant \sigma^2||\boldsymbol{a}^*||^2 = Var(\boldsymbol{a}^{*\prime}\boldsymbol{y}) \end{aligned}$$

(3) 证明 $\boldsymbol{a}^{*\prime}\boldsymbol{y}$ 就是 $\boldsymbol{c}'\hat{\boldsymbol{\beta}}$.

设 $\boldsymbol{\xi} = \boldsymbol{X}\hat{\boldsymbol{\beta}} = \underset{\mu(X)}{Proj}\ \boldsymbol{y}, \boldsymbol{y} - \boldsymbol{\xi} \perp \mu(\boldsymbol{X})$. 此时

$$\begin{aligned} \boldsymbol{a}^{*\prime}(\boldsymbol{y} - \boldsymbol{X}\hat{\boldsymbol{\beta}}) &= 0(\boldsymbol{a}^* \in \mu(X), \quad \boldsymbol{y} - \boldsymbol{X}\hat{\boldsymbol{\beta}} \perp \mu(X)) \\ &\Longrightarrow \boldsymbol{a}^{*\prime}\boldsymbol{y} = \boldsymbol{a}^{*\prime}\boldsymbol{X}\hat{\boldsymbol{\beta}} \end{aligned}$$

又

$$c'\boldsymbol{\beta} = E(\boldsymbol{a}^{*\prime}\boldsymbol{y}) = \boldsymbol{a}^{*\prime}\boldsymbol{X}\boldsymbol{\beta}$$

由 $\boldsymbol{\beta}$ 的任意性，$\boldsymbol{a}^{*\prime}\boldsymbol{X} = c'$. 因此 $\boldsymbol{a}^{*\prime}\boldsymbol{y} = c'\hat{\boldsymbol{\beta}}$. □

我们知道，对于无偏估计，方差越小越好，那么 Gauss-Markov 定理就表明，最小二乘估计 $\boldsymbol{c}'\hat{\boldsymbol{\beta}}$ 是 $\boldsymbol{c}'\boldsymbol{\beta}$ 的所有无偏估计中最优的. Gauss-Markov 定理奠定了最小二乘估计在线性回归中的地位. 但是这并不表示所有的最小二乘估计都是最优的，比如，当 $X'X$ 接近奇异时，最小二乘估计的性能下降，即使是最小方差无偏估计，也有可能估计的性能不好. 在某些情况下，最小二乘准则的稳健性不好，受个别数据影响大. 因此可以考虑稳健估计，最小一乘估计:

$$\min_{\boldsymbol{\beta}} \sum_i |y_i - x_{i_1}\boldsymbol{\beta}_1 - \cdots - x_{i_p}\boldsymbol{\beta}_p|.$$

2.2.4　带约束的最小二乘估计

对于线性模型，在对参数 $\boldsymbol{\beta}$ 没有任何限制条件的情况下，给出了回归参数 $\boldsymbol{\beta}$ 的最小二乘估计，但是在一些检验问题中，我们需要求带线性约束的最小二乘估计. 假设参数的线性约束条件为 $\boldsymbol{A\beta}=\boldsymbol{b}$, 其中 $\boldsymbol{A}$ 是 $m\times p$ 的矩阵，$\boldsymbol{b}$ 是 $m\times 1$ 已知向量. 那么带约束的最小二乘估计就是求解如下优化问题：

$$\min_{\boldsymbol{\beta}}\parallel \boldsymbol{y}-\boldsymbol{X\beta}\parallel^2,\quad \text{s.t }\boldsymbol{A\beta}=\boldsymbol{b} \tag{2.17}$$

应用 Lagrange 乘子算法，构造辅助函数

$$L(\boldsymbol{\beta},\boldsymbol{\lambda})=\parallel \boldsymbol{y}-\boldsymbol{X\beta}\parallel^2+2\boldsymbol{\lambda}'(\boldsymbol{A\beta}-\boldsymbol{b}) \tag{2.18}$$

其中 $\boldsymbol{\lambda}=(\lambda_1,\cdots,\lambda_m)'$ 称为 Lagrange 乘子 (详细内容请参考附录 A.5)，为了求最优解，对 $L(\boldsymbol{\beta},\boldsymbol{\lambda})$ 关于 $\boldsymbol{\beta}$ 求偏导，整理并令他们等于 0，得到

$$-\boldsymbol{X}'\boldsymbol{y}+\boldsymbol{X}'\boldsymbol{X\beta}+\boldsymbol{A\lambda}'=\boldsymbol{0} \tag{2.19}$$

联立线性约束条件 $\boldsymbol{A\beta}=\boldsymbol{b}$, 解该方程组，记方程组的解为 $\hat{\boldsymbol{\beta}}_c$ 和 $\hat{\boldsymbol{\lambda}}_c$, 根据 (2.19) 就有

$$\begin{aligned}\hat{\boldsymbol{\beta}}_c=&(\boldsymbol{X}'\boldsymbol{X})^{-1}\boldsymbol{X}'\boldsymbol{y}-(\boldsymbol{X}'\boldsymbol{X})^{-1}\boldsymbol{A}'\hat{\boldsymbol{\lambda}}_c\\=&\hat{\boldsymbol{\beta}}-(\boldsymbol{X}'\boldsymbol{X})^{-1}\boldsymbol{A}'\hat{\boldsymbol{\lambda}}_c\end{aligned}$$

带入 $\boldsymbol{A\beta}=\boldsymbol{b}$ 中就有

$$\boldsymbol{b}=\boldsymbol{A}\hat{\boldsymbol{\beta}}_c=\boldsymbol{A}\hat{\boldsymbol{\beta}}-\boldsymbol{A}(\boldsymbol{X}'\boldsymbol{X})^{-1}\boldsymbol{A}'\hat{\boldsymbol{\lambda}}_c$$

进一步：

$$(\boldsymbol{A}\hat{\boldsymbol{\beta}}-\boldsymbol{b})=\boldsymbol{A}(\boldsymbol{X}'\boldsymbol{X})^{-1}\boldsymbol{A}'\hat{\boldsymbol{\lambda}}_c$$

那么 $\hat{\lambda}_c$ 有唯一解

$$\hat{\boldsymbol{\lambda}}_c=(\boldsymbol{A}(\boldsymbol{X}'\boldsymbol{X})^{-1}\boldsymbol{A}')^{-1}(\boldsymbol{A}\hat{\boldsymbol{\beta}}-\boldsymbol{b})$$

因此

$$\hat{\boldsymbol{\beta}}_c=\hat{\boldsymbol{\beta}}-(\boldsymbol{X}'\boldsymbol{X})^{-1}\boldsymbol{A}'(\boldsymbol{A}(\boldsymbol{X}'\boldsymbol{X})^{-1}\boldsymbol{A}')^{-1}(\boldsymbol{A}\hat{\boldsymbol{\beta}}-\boldsymbol{b}) \tag{2.20}$$

下证 $\hat{\boldsymbol{\beta}}_c$ 是优化问题 (2.17) 的最优解. 只需证明：对于任意满足 $\boldsymbol{A\beta}=\boldsymbol{b}$ 的 $\boldsymbol{\beta}$, 都有

$$\parallel \boldsymbol{y}-\boldsymbol{X\beta}\parallel^2\geqslant\parallel \boldsymbol{y}-\boldsymbol{X}\hat{\boldsymbol{\beta}}_c\parallel^2$$

由于

$$
\begin{aligned}
\| \boldsymbol{y}-\boldsymbol{X}\boldsymbol{\beta} \|^2 &= \| \boldsymbol{y}-\boldsymbol{X}\hat{\boldsymbol{\beta}} \|^2 + (\hat{\boldsymbol{\beta}}-\boldsymbol{\beta})'\boldsymbol{X}'\boldsymbol{X}(\hat{\boldsymbol{\beta}}-\boldsymbol{\beta}) \\
&= \| \boldsymbol{y}-\boldsymbol{X}\hat{\boldsymbol{\beta}} \|^2 + (\hat{\boldsymbol{\beta}}-\hat{\boldsymbol{\beta}}_c+\hat{\boldsymbol{\beta}}_c-\boldsymbol{\beta})'\boldsymbol{X}'\boldsymbol{X}(\hat{\boldsymbol{\beta}}-\hat{\boldsymbol{\beta}}_c+\hat{\boldsymbol{\beta}}_c-\boldsymbol{\beta}) \\
&= \| \boldsymbol{y}-\boldsymbol{X}\hat{\boldsymbol{\beta}} \|^2 + (\hat{\boldsymbol{\beta}}-\hat{\boldsymbol{\beta}}_c)'\boldsymbol{X}'\boldsymbol{X}(\hat{\boldsymbol{\beta}}-\hat{\boldsymbol{\beta}}_c) + (\hat{\boldsymbol{\beta}}_c-\boldsymbol{\beta})'\boldsymbol{X}'\boldsymbol{X}(\hat{\boldsymbol{\beta}}_c-\boldsymbol{\beta}) \\
&= \| \boldsymbol{y}-\boldsymbol{X}\hat{\boldsymbol{\beta}} \|^2 + \| \boldsymbol{X}(\hat{\boldsymbol{\beta}}-\hat{\boldsymbol{\beta}}_c)\|^2 + \|\boldsymbol{X}(\hat{\boldsymbol{\beta}}_c-\boldsymbol{\beta}) \|^2
\end{aligned}
$$

这里应用了

$$(\hat{\boldsymbol{\beta}}-\hat{\boldsymbol{\beta}}_c)'\boldsymbol{X}'\boldsymbol{X}(\hat{\boldsymbol{\beta}}_c-\boldsymbol{\beta}) = \hat{\boldsymbol{\lambda}}_c'\boldsymbol{A}(\hat{\boldsymbol{\beta}}-\hat{\boldsymbol{\beta}}_c) = \hat{\boldsymbol{\lambda}}_c'(\boldsymbol{b}-\boldsymbol{b}) = \boldsymbol{0}$$

对一切满足 $\boldsymbol{A\beta}=\boldsymbol{b}$ 的 $\boldsymbol{\beta}$ 成立. 所以

$$\| \boldsymbol{y}-\boldsymbol{X}\boldsymbol{\beta} \|^2 \geqslant \| \boldsymbol{y}-\boldsymbol{X}\hat{\boldsymbol{\beta}} \|^2 + \| \boldsymbol{X}(\hat{\boldsymbol{\beta}}-\hat{\boldsymbol{\beta}}_c) \|^2 \tag{2.21}$$

当等号成立当且仅当 $\boldsymbol{X}(\hat{\boldsymbol{\beta}}_c-\boldsymbol{\beta})=\boldsymbol{0}$, 即 $\boldsymbol{\beta}=\hat{\boldsymbol{\beta}}_c$. 于是，当 (2.21) 的等号成立时，就有

$$\| \boldsymbol{y}-\boldsymbol{X}\hat{\boldsymbol{\beta}}_c \|^2 = \| \boldsymbol{y}-\boldsymbol{X}\hat{\boldsymbol{\beta}} \|^2 + \| \boldsymbol{X}(\hat{\boldsymbol{\beta}}-\hat{\boldsymbol{\beta}}_c) \|^2 \tag{2.22}$$

从而就有 $\| \boldsymbol{y}-\boldsymbol{X}\boldsymbol{\beta} \|^2 \geqslant \| \boldsymbol{y}-\boldsymbol{X}\hat{\boldsymbol{\beta}}_c \|^2$. 那么我们可以得到如下定理.

定理 2.7 优化问题 (2.17) 的最优解——带约束的最小二乘估计为

$$\hat{\boldsymbol{\beta}}_c = \hat{\boldsymbol{\beta}} - (\boldsymbol{X}'\boldsymbol{X})^{-1}\boldsymbol{A}'(\boldsymbol{A}(\boldsymbol{X}'\boldsymbol{X})^{-1}\boldsymbol{A}')^{-1}(\boldsymbol{A}\hat{\boldsymbol{\beta}}-\boldsymbol{b}) \tag{2.23}$$

其中 $\hat{\boldsymbol{\beta}} = (\boldsymbol{X}'\boldsymbol{X})^{-1}\boldsymbol{X}'\boldsymbol{y}$ 是无约束条件下的最小二乘估计.

2.3 假设检验

前面我们讨论了回归参数的估计方法，但是依照最小二乘估计的建立的回归方程是否真正刻画了因变量和自变量之间的关系呢？我们就需要做假设检验来考察这两者的关系.

2.3.1 一般线性检验

这一节主要考虑线性模型的回归参数是否有其他相关关系. 首先考虑线性回归模型:

$$\boldsymbol{y} = \boldsymbol{X\beta} + \boldsymbol{\varepsilon}, \quad \boldsymbol{\varepsilon} \sim N(0, \sigma^2\boldsymbol{I}) \tag{2.24}$$

其中 $\boldsymbol{X}$ 为 $n \times p$ 的设计矩阵. 本节考虑一般的线性假设

$$H_0: \boldsymbol{A\beta} = \boldsymbol{b} \tag{2.25}$$

的检验问题，其中 $\boldsymbol{A}$ 为 $m \times p$ 矩阵，$\boldsymbol{b}$ 为 $m \times 1$ 阶向量. 首先我们提出检验方法的基本思想.

对模型 (2.24), 通过最小二乘法可得参数的估计 $\hat{\boldsymbol{\beta}} = \boldsymbol{X}(\boldsymbol{X}'\boldsymbol{X})^{-1}\boldsymbol{y}$, 残差平方和为 $RSS = (\boldsymbol{y} - \boldsymbol{X}\hat{\boldsymbol{\beta}})'(\boldsymbol{y} - \boldsymbol{X}\hat{\boldsymbol{\beta}})$. 对带有约束项 (2.25) 的模型 (2.24), 通过最小二乘法得到参数的估计为

$$\hat{\beta}_1 = \hat{\boldsymbol{\beta}} - (\boldsymbol{X}'\boldsymbol{X})^{-1}\boldsymbol{A}'(\boldsymbol{A}(\boldsymbol{X}'\boldsymbol{X})^{-1}\boldsymbol{A}')^{-1}(\boldsymbol{A}\hat{\boldsymbol{\beta}} - \boldsymbol{b}) \tag{2.26}$$

该模型的残差平方和为 $RSS_1 = (\boldsymbol{y} - \boldsymbol{X}\hat{\boldsymbol{\beta}}_1)'(\boldsymbol{y} - \boldsymbol{X}\hat{\boldsymbol{\beta}}_1)$.

对比线性模型 (2.24) 而言，带约束条件 (2.25) 的线性模型使得回归参数 β 的变化范围更小一些，因此总有 $RSS_1 \geqslant RSS$. 假设实际的参数满足约束条件 (2.25), 那么未加约束条件的线性模型和带约束条件的线性模型本质是一样的，即满足 $\hat{\beta} = \hat{\beta}_1$ 和 $RSS = RSS_1$. 这个时候刻画拟合程度的残差平方和之差 $RSS_1 - RSS$ 应该就是比较小. 假设实际的参数不满足约束条件 (2.25), 则 $RSS_1 - RSS$ 较大. 因此我们可以得到假设检验基本思想，当 $RSS_1 - RSS$ 较大时，我们认为实际的参数不满足约束条件 (2.25)，就要拒绝原假设，否则就接受原假设. 衡量大小通常有一个标准，我们用 RSS_1 当做标准，那么根据 $(RSS_1 - RSS)/RSS$ 的大小来决定是接受原假设还是拒绝原假设. 为了构造一个检验统计，我们有如下定理.

定理 2.8　对于线性模型 (2.24):

(1) $RSS/\sigma^2 \sim \chi^2_{n-p}$;

(2) $(RSS_1 - RSS)/\sigma^2 \sim \chi^2_m$;

(3) RSS 和 $RSS_1 - RSS$ 相互独立.

证明　(1) 根据定义

$$RSS = \boldsymbol{y}'(\boldsymbol{I} - \boldsymbol{X}(\boldsymbol{X}'\boldsymbol{X})^{-1}\boldsymbol{X}')\boldsymbol{y} = \boldsymbol{y}'\boldsymbol{N}\boldsymbol{y}$$

这里 $\boldsymbol{N} = \boldsymbol{I} - \boldsymbol{X}(\boldsymbol{X}'\boldsymbol{X})^{-1}\boldsymbol{X}'$, 由于 $\boldsymbol{N}\boldsymbol{X} = \boldsymbol{0}$, 于是

$$RSS = (\boldsymbol{X}\boldsymbol{\beta} + \varepsilon)'\boldsymbol{N}(\boldsymbol{X}\boldsymbol{\beta} + \varepsilon) = \varepsilon'\boldsymbol{N}\varepsilon$$

由于 $\boldsymbol{N}$ 是幂等矩阵，所以 $\boldsymbol{N}$ 的秩等于它的迹，于是

$$\begin{aligned} rank(\boldsymbol{N}) =& tr(\boldsymbol{I_n} - \boldsymbol{X}(\boldsymbol{X}'\boldsymbol{X})^{-1}\boldsymbol{X}') \\ =& n - tr(\boldsymbol{X}(\boldsymbol{X}'\boldsymbol{X})^{-1}\boldsymbol{X}') \\ =& n - tr((\boldsymbol{X}'\boldsymbol{X})^{-1}\boldsymbol{X}'\boldsymbol{X}) = n - p \end{aligned}$$

又因为 $\boldsymbol{\varepsilon} \sim N(0, \sigma^2\boldsymbol{I})$, $\boldsymbol{N}$ 是 $n-p$ 阶幂等矩阵，所以 $\dfrac{RSS}{\sigma^2} \sim \chi^2_{n-p}$.

(2) 根据 (2.20), 就有

$$(\boldsymbol{y}-\boldsymbol{X}\hat{\boldsymbol{\beta}}_c)'(\boldsymbol{y}-\boldsymbol{X}\hat{\boldsymbol{\beta}}_c)=(\boldsymbol{y}-\boldsymbol{X}\hat{\boldsymbol{\beta}}_c)'(\boldsymbol{y}-\boldsymbol{X}\hat{\boldsymbol{\beta}})+(\hat{\boldsymbol{\beta}}-\hat{\boldsymbol{\beta}}_c)'\boldsymbol{X}'\boldsymbol{X}(\hat{\boldsymbol{\beta}}-\hat{\boldsymbol{\beta}}_c)$$

也就是,

$$RSS_c=RSS+(\hat{\boldsymbol{\beta}}-\hat{\boldsymbol{\beta}}_c)'\boldsymbol{X}'\boldsymbol{X}(\hat{\boldsymbol{\beta}}-\hat{\boldsymbol{\beta}}_c) \tag{2.27}$$

由于 $\hat{\boldsymbol{\beta}}_c=\hat{\boldsymbol{\beta}}-(\boldsymbol{X}'\boldsymbol{X})^{-1}\boldsymbol{A}'(\boldsymbol{A}(\boldsymbol{X}'\boldsymbol{X})^{-1}\boldsymbol{A}')^{-1}(\boldsymbol{A}\hat{\boldsymbol{\beta}}-\boldsymbol{b})$, 则可以得到

$$RSS_c-RSS=(\boldsymbol{A}\hat{\boldsymbol{\beta}}-\boldsymbol{b})'(\boldsymbol{A}(\boldsymbol{X}'\boldsymbol{X})^{-1}\boldsymbol{A}')^{-1}(\boldsymbol{A}\hat{\boldsymbol{\beta}}-\boldsymbol{b}) \tag{2.28}$$

由于 $\hat{\boldsymbol{\beta}}\sim N(\boldsymbol{\beta},\sigma^2(\boldsymbol{X}'\boldsymbol{X})^{-1})$, 那么

$$\boldsymbol{A}\hat{\boldsymbol{\beta}}-\boldsymbol{b}\sim N(\boldsymbol{A\beta}-\boldsymbol{b},\boldsymbol{\sigma^2}\boldsymbol{A}(\boldsymbol{X}'\boldsymbol{X})^{-1}\boldsymbol{A}')$$

当假设 (2.25) 成立时,

$$\boldsymbol{A}\hat{\boldsymbol{\beta}}-\boldsymbol{b}\sim N(\boldsymbol{0},\boldsymbol{\sigma^2}\boldsymbol{A}(\boldsymbol{X}'\boldsymbol{X})^{-1}\boldsymbol{A}')$$

由于 $\boldsymbol{A}(\boldsymbol{X}'\boldsymbol{X})^{-1}\boldsymbol{A}'$ 是可逆矩阵, 所以就有

$$(RSS_c-RSS)/\sigma^2\sim\chi^2_m$$

(3) 由于 (2.28), 所以只需证明 $\hat{\beta}$ 与 RSS 相互独立.

$$\begin{aligned}RSS=&(\boldsymbol{y}-\boldsymbol{X}\hat{\boldsymbol{\beta}})'(\boldsymbol{y}-\boldsymbol{X}\hat{\boldsymbol{\beta}})=\boldsymbol{y}'\boldsymbol{N}\boldsymbol{y}\\ \hat{\beta}=&(\boldsymbol{X}'\boldsymbol{X})^{-1}\boldsymbol{X}'\boldsymbol{y}=\boldsymbol{H}\boldsymbol{y}\end{aligned}$$

其中 $\boldsymbol{N}=\boldsymbol{I}-\boldsymbol{X}(\boldsymbol{X}'\boldsymbol{X})^{-1}\boldsymbol{X}',\boldsymbol{H}=(\boldsymbol{X}'\boldsymbol{X})^{-1}\boldsymbol{X}'$. 那么就有 $\boldsymbol{HN}=\boldsymbol{0}$, 从而根据引理 2.5 就有 RSS 和 $\hat{\beta}$ 是独立的. □

由定理 2.8 可得

$$F=\frac{(RSS_1-RSS)/m}{RSS/(n-p)}\sim F(m,n-p) \tag{2.29}$$

其中 $F(m,n-p)$ 表示自由度为 m, $n-p$ 的 F 分布. (2.29) 给出了假设检验 (2.25) 的检验统计量. 对于给定的水平 α，记 $F_\alpha(m,n-p)$ 为相应的 F 分布的上侧 α 分位点，即 $P(F(m,n-p)\geqslant F_\alpha(m,n-p))=1-\alpha$. 当 $F>F_\alpha(m,n-p)$, 拒绝原假设 H, 否则就接受 H(F 分布表见附录 B.2).

那么这个假设检验在实际问题中有什么样的应用呢？一般来说，我们不会对回归参数是否是线性的感兴趣，更加感兴趣的是该自变量对因变量是否有影响，换句话说，我们想知道这些因变量的回归系数是否为 0.

例 2.2　将线性回归模型写成如下形式:

$$y = \beta_0 + \beta_1 x_1 + \cdots + \beta_p x_p + \varepsilon, \quad \varepsilon \sim N(0, \sigma^2 I) \tag{2.30}$$

检验假设: 该模型的前 q 个回归系数为 0, 即检验

$$H_0 : \beta_1 = \beta_2 = \cdots = \beta_q = 0 \tag{2.31}$$

如果我们的结论是接受原假设, 那么我们就可以断言前 q 个自变量与因变量无关. 而这一假设检验是线性假设: $H_0 : \boldsymbol{A\beta} = \boldsymbol{b}$ 的特殊形式, 其中 $\boldsymbol{A} = (\boldsymbol{I_q}, \boldsymbol{0})$, $\boldsymbol{b} = \boldsymbol{0}$. 于是现在的检验统计量为

$$F = \frac{(RSS_2 - RSS_1)/q}{RSS_1/(n-p)} \sim F(q, n-p) \tag{2.32}$$

2.3.2　回归方程的显著性检验

对于线性回归模型 (2.30), 检验假设: 所有的回归系数等于零, 即检验

$$H_0 : \beta_1 = \beta_2 = \cdots = \beta_p = 0 \tag{2.33}$$

如果我们拒绝原假设，那么就意味着至少有一个 $\beta_j \neq 0$. 也就是可以认为因变量 y 至少依赖一个自变量. 如果我们的结论是接受原假设，那么就说明所有的 $\beta_j = 0$, 我们就可以认为，因变量与所有的自变量是无关的. 这一假设检验是线性假设: $H_0 : \boldsymbol{A\beta} = \boldsymbol{b}$ 的特殊形式，其中 $\boldsymbol{A} = (\boldsymbol{0}, \boldsymbol{I_p})$, $\boldsymbol{b} = \boldsymbol{0}$. 于是现在的检验统计量为

$$F = \frac{(RSS_1 - RSS)/p}{RSS/(n-p)} \sim F(p, n-p) \tag{2.34}$$

需要强调的是，经过检验，结论如果是接受原假设，那么意味着，和模型的误差相比，自变量对因变量的影响是不重要的. 这有两种意思，一种是模型的误差太大，导致自变量对因变量的影响相对很小，所以这个时候我们就要减少误差. 第二种就是，自变量对因变量的影响确实很小，所以这个时候我们就要放弃建立自变量对因变量的线性回归模型.

2.3.3　回归系数的显著性检验

回归方程的显著性检验是对线性回归方程的一个整体检验，如果我们拒绝原假设，这意味着因变量依赖于自变量，但是并不能排除不依赖于其中某些自变量，即某一个 $\beta_j = 0$, 于是在回归方程的显著性检验被拒绝之后，我们需要做回归系数的显著性检验，即对固定的 j, 做如下检验:

$$H_0 : \beta_j = 0 \tag{2.35}$$

如果我们拒绝原假设，那么就意味着 β_j 对应的自变量 x_j 对因变量是有影响的，也就是可以认为因变量 $\boldsymbol{y}$ 依赖这个自变量. 如果我们的结论是接受原假设，那么就说明 $\beta_j = 0$, 我们就可以认为，因变量与该自变量是无关的. 这一假设检验是线性假设: $H_0 : \boldsymbol{A\beta} = b$ 的特殊形式，其中 $\boldsymbol{A} = (0, \cdots, 0, 1, 0, \cdots, 0)$ 是第 j 个元素为 1 其他元素为 0 的单位向量, $b = 0$, 于是现在的检验统计量为

$$F = \frac{(RSS_1 - RSS)}{RSS/(n-p)} \sim F(1, n-p) \tag{2.36}$$

但是这一检验统计量不常用，下面给出一种更直接的方法.

由于线性模型中 $\boldsymbol{\beta}$ 的最小二乘估计为 $\hat{\boldsymbol{\beta}} = (\boldsymbol{X}'\boldsymbol{X})^{-1}\boldsymbol{X}'\boldsymbol{y}$, 那么显然就有

$$\hat{\boldsymbol{\beta}} \sim N(\boldsymbol{\beta}, \sigma^2(\boldsymbol{X}'\boldsymbol{X})^{-1})$$

假设用 v_j 表示 $(\boldsymbol{X}'\boldsymbol{X})^{-1}$ 第 j 个斜对角元素，那么就有

$$\hat{\beta}_j \sim N(\beta_j, \sigma^2 v_j) \tag{2.37}$$

从而，当 H_0 成立时

$$\frac{\hat{\beta}_j}{\sigma\sqrt{v_j}} \sim N(0, 1)$$

由于 $RSS/\sigma^2 \sim \chi^2_{n-p}$, 且与 $\hat{\beta}_j$ 独立，根据 t 分布的定义，就有

$$t_j = \frac{\hat{\beta}_j}{\hat{\sigma}\sqrt{v_j}} \sim t_{n-p} \tag{2.38}$$

这里 $\hat{\sigma} = RSS/(n-p)$, t_{n-p} 表示自由度为 $n-p$ 的 t 分布. 对于给定的水平 α, 当

$$|\, t_j \,| > t_{n-p}(\alpha) \tag{2.39}$$

时，我们拒绝原假设，否则接受原假设 (t 分布表见附录 B.1).

如果我们经过检验，接受原假设 $\beta_j = 0$，那么我们就认为自变量 x_j 对因变量没有显著影响，因而可以从回归方程中剔除. 剔除之后，这个回归方程的回归系数的估计也将发生变化，将因变量对剩下的自变量的重新做回归，然后再检验其他的系数是否为 0，剔除与因变量无显著关系的变量. 那么对回归系数做显著性检验也就是变量选择过程. 关于变量选择的内容，我们将在第 3 章详细讲解.

2.4 有偏估计——岭回归和主成分回归

2.4.1 复共线性

事实上，对于任何问题，只要设计阵 X 列满秩就能用最小二乘法找到一个无

偏估计量. 从无偏的角度来看，最小二乘估计量有着方差最小的优良性质，但是有些时候对估计参数效果很**不稳定**，如下面的例子.

假设已知 x_1, x_2 与 y 的关系服从线性回归模型 $y = 10 + 2x_1 + 3x_2 + \varepsilon$, 我们采样 10 次得到下面数据.

表 2.1　实验数据

	变量	1	2	3	4	5	6	7	8	9	10
1	x_1	1.1	1.4	1.7	1.7	1.8	1.8	1.9	2.0	2.3	2.4
2	x_2	1.1	1.5	1.8	1.7	1.9	1.8	1.8	2.1	2.4	2.5
3	$\boldsymbol{\varepsilon}_i$	0.8	−0.5	0.4	−0.5	0.2	1.9	1.9	0.6	−1.5	−1.5
4	y_i	16.3	16.8	19.2	18.0	19.5	20.9	21.1	20.9	20.3	22.0

现在我们用最小二乘法，可以求得回归参数 $\hat{\beta}_0 = 11.292, \hat{\beta}_1 = 11.307, \hat{\beta}_2 = -6.591$, 这与实际模型系数相差很大. 其根本原因是变量 x_1, x_2 有近似的线性关系, 计算样本相关系数 $r_{12} = 0.986$, 说明两变量有十分强的线性关系. 那么为什么变量之间存在线性关系，会造成上述结果呢？我们进行如下讨论.

1. *向量形式的 MSE 分解*

设 $\boldsymbol{\theta} \in \mathbb{R}^p, \widetilde{\boldsymbol{\theta}}$ 是 $\boldsymbol{\theta}$ 的估计量.

$$MSE(\widetilde{\boldsymbol{\theta}}) = E||\widetilde{\boldsymbol{\theta}} - \boldsymbol{\theta}||^2 = E(\widetilde{\boldsymbol{\theta}} - \boldsymbol{\theta})'(\widetilde{\boldsymbol{\theta}} - \boldsymbol{\theta})$$

注　*我们已经知道，标量形式的 MSE 分解为*

$$\begin{aligned}
MSE(\hat{\alpha}) &= E(\alpha - \hat{\alpha})^2 \\
&= E(\hat{\alpha} - E\hat{\alpha} + E\hat{\alpha} - \alpha) \\
&= E(\hat{\alpha} - E\hat{\alpha})^2 + (E\hat{\alpha} - \alpha)^2 + \underbrace{2(\hat{\alpha} - E\hat{\alpha})(E\hat{\alpha} - \alpha)}_{0} \\
&= \underbrace{E(\hat{\alpha} - E\hat{\alpha})^2}_{Var(\hat{\alpha})} + \underbrace{(E\hat{\alpha} - \alpha)^2}_{bias^2(\hat{\alpha})} \\
&= \text{方差} + \text{偏差平方}
\end{aligned}$$

其中，$\hat{\alpha}$ 是 α 的估计量.

相应地，对于向量形式的参数估计量，我们有如下分解定理.

定理 2.9

$$MSE(\widetilde{\boldsymbol{\theta}}) = trCov(\widetilde{\boldsymbol{\theta}}) + ||E\widetilde{\boldsymbol{\theta}} - \boldsymbol{\theta}||$$

证明

$$
\begin{aligned}
MSE(\widetilde{\boldsymbol{\theta}}) &= E(\widetilde{\boldsymbol{\theta}}-\boldsymbol{\theta})'(\widetilde{\boldsymbol{\theta}}-\boldsymbol{\theta}) \\
&= E(\widetilde{\boldsymbol{\theta}}-E\widetilde{\boldsymbol{\theta}}+E\widetilde{\boldsymbol{\theta}}-\boldsymbol{\theta})'(\widetilde{\boldsymbol{\theta}}-E\widetilde{\boldsymbol{\theta}}+E\widetilde{\boldsymbol{\theta}}-\boldsymbol{\theta}) \\
&= E(\widetilde{\boldsymbol{\theta}}-E\widetilde{\boldsymbol{\theta}})'(\widetilde{\boldsymbol{\theta}}-E\widetilde{\boldsymbol{\theta}})+||E\widetilde{\boldsymbol{\theta}}-\boldsymbol{\theta}||^2+\underbrace{2E(\widetilde{\boldsymbol{\theta}}-E\widetilde{\boldsymbol{\theta}})'(E\widetilde{\boldsymbol{\theta}}-\boldsymbol{\theta})}_{0} \\
&= trCov(\widetilde{\boldsymbol{\theta}})+||E\widetilde{\boldsymbol{\theta}}-\boldsymbol{\theta}||^2
\end{aligned}
$$

其中

$$
tr(Cov\widetilde{\boldsymbol{\theta}})=\sum_{i=1}^{p}Var(\widetilde{\theta}_i)
$$

$$
||E\widetilde{\boldsymbol{\theta}}-\boldsymbol{\theta}||^2=\sum_{i=1}^{p}(E\widetilde{\boldsymbol{\theta}}-\theta_i)^2
$$

□

2. 线性模型最小二乘估计的 MSE

由于线性模型的最小二乘估计是无偏估计，所以有

$$
\begin{aligned}
MSE(\hat{\boldsymbol{\beta}}) &= trCov(\hat{\boldsymbol{\beta}}) \\
&= tr(\sigma^2(\boldsymbol{X}'\boldsymbol{X})^{-1})
\end{aligned}
$$

由于 $\boldsymbol{X}'\boldsymbol{X}$ 为正定阵，存在正交阵 $\boldsymbol{\Phi}$，使得 $\boldsymbol{X}'\boldsymbol{X}=\boldsymbol{\Phi}\begin{pmatrix}\lambda_1 & & \\ & \ddots & \\ & & \lambda_p\end{pmatrix}\boldsymbol{\Phi}', \lambda_1 \geqslant \cdots \geqslant \lambda_q > 0$. 此时，$MSE(\hat{\boldsymbol{\beta}})=\sigma^2\sum_{i=1}^{p}\dfrac{1}{\lambda_i}$.

注 存在较小特征值，则 MSE 会很大（$\boldsymbol{X}$ 病态）.

3. 复共线性的本质

记 $\boldsymbol{X}=(x_{(1)},\cdots,x_{(p)})$，即 $x_{(i)}$ 为设计阵 $\boldsymbol{X}$ 的第 i 列. 设 λ 为 $\boldsymbol{X}'\boldsymbol{X}$ 的一个特征值，$\boldsymbol{\varphi}$ 是其对应的特征向量，其长度为 1，即 $\boldsymbol{\varphi}'\boldsymbol{\varphi}=\mathbf{1}$. 若 $\lambda\approx 0$，则

$$
\boldsymbol{X}'\boldsymbol{X}\boldsymbol{\varphi}=\lambda\boldsymbol{\varphi}\approx 0
$$

用 $\boldsymbol{\varphi}'$ 左乘上式，得

$$
\boldsymbol{\varphi}'\boldsymbol{X}'\boldsymbol{X}\boldsymbol{\varphi}=\lambda\boldsymbol{\varphi}'\boldsymbol{\varphi}=\lambda\approx 0
$$

因为

$$\varphi' \boldsymbol{X}' \boldsymbol{X} \varphi = ||\boldsymbol{X}\boldsymbol{\varphi}||^2 = \lambda \approx 0,$$

于是，我们有

$$\boldsymbol{X}\boldsymbol{\varphi} \approx \boldsymbol{0}$$

若记 $\boldsymbol{\varphi} = (c_1, \cdots, c_p)'$，上式即为

$$c_1 \boldsymbol{x}_{(1)} + \cdots + c_p \boldsymbol{x}_{(p)} \approx \boldsymbol{0}$$

这表明，设计阵 $\boldsymbol{X}$ 的列向量 $x_{(1)}, \cdots, x_{(p)}$ 之间有近似线性关系. 如果用 $X_1, \cdots, X_p$ 分别表示 p 个回归自变量，从现有的 n 组数据看，回归自变量之间有近似线性关系

$$c_1 \boldsymbol{X}_1 + \cdots + c_p \boldsymbol{X}_p \approx \boldsymbol{0}$$

回归设计阵的列向量之间的关系或等价地回归自变量之间的关系，称为复共线关系. 相应地，称设计阵 $\boldsymbol{X}$ 或线性回归模型存在复共线性，有时也称设计阵 $\boldsymbol{X}$ 是病态的.

定义 2.2 (复共线性) *当设计矩阵 $\boldsymbol{X}$ 的列向量间具有近似的线性相关时，即存在不全为 0 的常数 $c_1, \cdots, c_n$ 使得 $c_1\boldsymbol{x}_1 + \cdots, c_n\boldsymbol{x}_n \approx \boldsymbol{0}$，称各自变量 $\boldsymbol{x}_1, \cdots, \boldsymbol{x}_n$ 之间有复共线性关系.*

4. *存在多重共线性时，$\hat{\boldsymbol{\beta}}$ 和 $\boldsymbol{\beta}$ 的关系*

$$MSE(\hat{\boldsymbol{\beta}}) = E(\hat{\boldsymbol{\beta}})'(\hat{\boldsymbol{\beta}}) = E(\hat{\boldsymbol{\beta}}'\hat{\boldsymbol{\beta}} - 2\boldsymbol{\beta}'\hat{\boldsymbol{\beta}} + \boldsymbol{\beta}'\boldsymbol{\beta}) = E(\hat{\boldsymbol{\beta}}'\hat{\boldsymbol{\beta}}) - \boldsymbol{\beta}'\boldsymbol{\beta}$$

即 $E||\hat{\boldsymbol{\beta}}||^2 = ||\boldsymbol{\beta}||^2 + MSE(\hat{\boldsymbol{\beta}})$.

若 $\boldsymbol{X}$ 病态，则 $||\hat{\boldsymbol{\beta}}||$ 的平均长度远大于 $||\boldsymbol{\beta}||$ 的长度.

5. *多重共线性的判断方法*

度量复共线性严重程度的一个重要量是方阵 $\boldsymbol{X}'\boldsymbol{X}$ 的**条件数**，定义为

$$k = \frac{\lambda_{\max}}{\lambda_{\min}},$$

也就是 $\boldsymbol{X}'\boldsymbol{X}$ 的最大特征根与最小特征根之比. 直观上，条件数刻画了 $\boldsymbol{X}'\boldsymbol{X}$ 的特征值差异的大小. 从实际应用的经验角度，一般若 $k < 100$，则认为复共线性的程度很小；若 $100 \leqslant k \leqslant 1000$，则认为存在中等程度或较强的复共线性；若 $k > 1000$，则认为存在严重的复共线性.

2.4.2 岭回归

定义 2.3 (岭回归) 当自变量间存在复共线性时，我们设想给 $\boldsymbol{X}'\boldsymbol{X}$ ($\boldsymbol{X}$ 中不含 1_n) 加上一个正常数矩阵 $k\boldsymbol{I}(k>0)$. 那么 $\boldsymbol{X}'\boldsymbol{X}+k\boldsymbol{I}$ 接近奇异的程度就会比 $\boldsymbol{X}'\boldsymbol{X}$ 接近奇异的程度小得多. 考虑到变量的量纲问题，我们先对数据做标准化，为了记号方便，标准化后的设计阵仍然用 $\boldsymbol{X}$ 表示. 我们称 $\hat{\beta}(k)=(\boldsymbol{X}'\boldsymbol{X}+k\boldsymbol{I_n})^{-1}\boldsymbol{X}'\boldsymbol{Y}$ 为 β 的岭回归估计，其中 k 称为岭参数.

1. 线性模型的典则形式

$$\boldsymbol{y}=\boldsymbol{X}\boldsymbol{\beta}+\boldsymbol{\varepsilon} \tag{2.40}$$

其中 $\boldsymbol{X}$ 已中心化、标准化，且 $E(\boldsymbol{\varepsilon})=0, Cov(\boldsymbol{\varepsilon})=\sigma^2 I$.

设 $\lambda_1\geqslant\lambda_2\cdots\geqslant\lambda_p$ 是 $\boldsymbol{X}'\boldsymbol{X}$ 从大到小的 p 个特征根，$\phi_1,\phi_2,\cdots\phi_p$ 是对应的单位正交化特征向量. 记 $\boldsymbol{\Phi}=(\phi_1,\phi_2,\cdots\phi_p), \Lambda=diag\{\lambda_1,\cdots,\lambda_p\}$, 其中 $\boldsymbol{\Phi}\boldsymbol{\Phi}'=\boldsymbol{I}$.

$$\boldsymbol{X}'\boldsymbol{X}=\boldsymbol{\Phi}\boldsymbol{\Lambda}\boldsymbol{\Phi}'\Rightarrow\boldsymbol{\Phi}'\boldsymbol{X}'\boldsymbol{X}\boldsymbol{\Phi}=\boldsymbol{\Lambda}$$

记 $\boldsymbol{\alpha}=\boldsymbol{\Phi}'\beta, \boldsymbol{Z}=\boldsymbol{X}\boldsymbol{\Phi}$, 则有典则形式

$$\boldsymbol{y}=Z\boldsymbol{\alpha}+\boldsymbol{\varepsilon} \tag{2.41}$$

$$\boldsymbol{Z}'\boldsymbol{Z}=\boldsymbol{\Phi}'\boldsymbol{X}'\boldsymbol{X}\boldsymbol{\Phi}=\boldsymbol{\Lambda}$$

(1) $\boldsymbol{\Phi}$ 是正交阵; (2) $\boldsymbol{Z}$ 的列向量均正交.

注 (1) 典则形式的参数估计 ($\hat{\alpha}$ 和 $\hat{\beta}$ 的关系)

$$\begin{aligned}\hat{\boldsymbol{\alpha}}&=(\boldsymbol{Z}'\boldsymbol{Z})^{-1}\boldsymbol{Z}'\boldsymbol{y}\\&=(\boldsymbol{\Phi}'\boldsymbol{X}'\boldsymbol{X}\boldsymbol{\Phi})^{-1}\boldsymbol{\Phi}'\boldsymbol{X}\boldsymbol{y}\\&=\boldsymbol{\Phi}'(\boldsymbol{X}'\boldsymbol{X})^{-1}\boldsymbol{\Phi}\boldsymbol{\Phi}'\boldsymbol{X}\boldsymbol{y}\\&\overset{\Phi\text{正交}}{=\!=\!=}\boldsymbol{\Phi}'\hat{\boldsymbol{\beta}}\end{aligned}$$

由 $\boldsymbol{Z}=\boldsymbol{X}\boldsymbol{\Phi}, \boldsymbol{X}=\boldsymbol{\Phi}'\boldsymbol{Z}, \hat{\boldsymbol{\alpha}}=(\boldsymbol{Z}'\boldsymbol{Z})^{-1}\boldsymbol{Z}'\boldsymbol{y}\Rightarrow\boldsymbol{Z}'\boldsymbol{y}=\boldsymbol{\Lambda}\hat{\boldsymbol{\alpha}}$

(2) $MSE(\hat{\boldsymbol{\alpha}})=MSE(\hat{\boldsymbol{\beta}})$.

- $\boldsymbol{\alpha}$ 和 β 的关系: $\boldsymbol{\alpha}=\boldsymbol{\Phi}'\beta$.
- $\hat{\alpha}$ 和 $\hat{\beta}$ 的关系:

$$\begin{aligned}\hat{\boldsymbol{\alpha}}&=(\boldsymbol{Z}'\boldsymbol{Z})^{-1}\boldsymbol{Z}'\boldsymbol{y}\\&=(\boldsymbol{\Phi}'\boldsymbol{X}'\boldsymbol{X}\boldsymbol{\Phi})^{-1}(\boldsymbol{X}\boldsymbol{\Phi})'\boldsymbol{y}\\&=\boldsymbol{\Phi}'(\boldsymbol{X}'\boldsymbol{X})^{-1}\boldsymbol{\Phi}\boldsymbol{\Phi}'\boldsymbol{X}'\boldsymbol{y}\\&=\boldsymbol{\Phi}'(\boldsymbol{X}'\boldsymbol{X})^{-1}\boldsymbol{X}'\boldsymbol{y}\end{aligned}$$

$$= \mathbf{\Phi}'\hat{\boldsymbol{\beta}}$$

- $\hat{\boldsymbol{\alpha}}(k)$ 和 $\hat{\boldsymbol{\beta}}(k)$ 的关系:

$$\begin{aligned}\hat{\boldsymbol{\alpha}}(k) &= (\boldsymbol{Z}'\boldsymbol{Z} + k\boldsymbol{I})^{-1}\boldsymbol{Z}'\boldsymbol{y} \\ &= (\mathbf{\Phi}'\boldsymbol{X}'\boldsymbol{X}\mathbf{\Phi} + k\mathbf{\Phi}'\mathbf{\Phi})^{-1}\mathbf{\Phi}'\boldsymbol{X}'\boldsymbol{y} \\ &= \mathbf{\Phi}'(\boldsymbol{X}'\boldsymbol{X} + k\boldsymbol{I})^{-1}\mathbf{\Phi}\mathbf{\Phi}'\boldsymbol{X}'\boldsymbol{y} \\ &= \mathbf{\Phi}'\hat{\boldsymbol{\beta}}(k)\end{aligned}$$

- $\hat{\boldsymbol{\alpha}}(k)$ 和 $\hat{\boldsymbol{\alpha}}$ 的关系:

$$\begin{aligned}\hat{\boldsymbol{\alpha}}(k) &= \mathbf{\Phi}'(\boldsymbol{X}'\boldsymbol{X} + k\boldsymbol{I})'\boldsymbol{X}'\boldsymbol{y} \\ &= \mathbf{\Phi}'(\mathbf{\Phi}\mathbf{\Lambda}\mathbf{\Phi}' + k\boldsymbol{I})^{-1}\mathbf{\Phi}'\boldsymbol{Z}\boldsymbol{y} \\ &= (\mathbf{\Lambda} + k\boldsymbol{I})^{-1}\boldsymbol{Z}'\boldsymbol{y} \\ &\xlongequal{\hat{\boldsymbol{\alpha}}=(Z'Z)^{-1}Z'\boldsymbol{y}=\Lambda^{-1}Z'\boldsymbol{y}\Rightarrow Z'\boldsymbol{y}=\Lambda\hat{\boldsymbol{\alpha}}} (\mathbf{\Lambda} + k\boldsymbol{I})^{-1}\mathbf{\Lambda}\hat{\boldsymbol{\alpha}}\end{aligned}$$

(3) (Shrinkage Method) 岭估计是一种压缩映射

$$||\hat{\boldsymbol{\beta}}(k)||^2 = ||\hat{\boldsymbol{\alpha}}(k)||^2 = ||(\mathbf{\Lambda} + kI)^{-1}\mathbf{\Lambda}\hat{\boldsymbol{\alpha}}||^2 \leqslant ||\hat{\boldsymbol{\alpha}}||^2 = ||\hat{\boldsymbol{\beta}}||^2$$

这表明, 岭估计 $\hat{\boldsymbol{\beta}}(k)$ 的长度总比最小二乘估计 $\hat{\boldsymbol{\beta}}$ 的长度小. 因此 $\hat{\boldsymbol{\beta}}(k)$ 是对 $\hat{\boldsymbol{\beta}}$ 向原点的一种压缩, 所以通常也称 $\hat{\boldsymbol{\beta}}(k)$ 是一种压缩估计.

2. 优良性定理

引理 2.6 对于线性模型 $\boldsymbol{y} = \boldsymbol{X}\boldsymbol{\beta} + \boldsymbol{\varepsilon}$ 的典则形式 $\boldsymbol{y} = \boldsymbol{Z}\boldsymbol{\alpha} + \boldsymbol{\varepsilon}$, 我们有 $MSE(\hat{\boldsymbol{\alpha}}(k)) = MSE(\hat{\boldsymbol{\beta}}(k))$, 其中 $\hat{\boldsymbol{\alpha}}(k), \hat{\boldsymbol{\beta}}(k)$ 均是岭回归估计量.

证明

$$\begin{aligned}\hat{\boldsymbol{\alpha}}(k) &= (\boldsymbol{Z}'\boldsymbol{Z} + k\boldsymbol{I}_n)^{-1}\boldsymbol{Z}'\boldsymbol{y} \\ &= (\mathbf{\Phi}'\boldsymbol{X}'\boldsymbol{X}\mathbf{\Phi} + k\boldsymbol{I}_n)^{-1}\mathbf{\Phi}^{-1}\boldsymbol{X}'\boldsymbol{y} \\ &= (\mathbf{\Phi}\mathbf{\Phi}'\boldsymbol{X}'\boldsymbol{X}\mathbf{\Phi} + k\mathbf{\Phi})^{-1}\boldsymbol{X}'\boldsymbol{y} \\ &= \mathbf{\Phi}'(\boldsymbol{X}'\boldsymbol{X} + k\boldsymbol{I}_n)^{-1}\boldsymbol{X}'\boldsymbol{y} = \mathbf{\Phi}'\hat{\boldsymbol{\beta}}(k) \\ MSE(\hat{\boldsymbol{\alpha}}(k)) &= E[(\hat{\boldsymbol{\alpha}}(k) - \boldsymbol{\alpha}(k))'(\hat{\boldsymbol{\alpha}}(k) - \boldsymbol{\alpha}(k))] \\ &= E[(\mathbf{\Phi}'\hat{\boldsymbol{\beta}}(k) - \mathbf{\Phi}'\boldsymbol{\beta}(k))'(\mathbf{\Phi}'\hat{\boldsymbol{\beta}}(k) - \mathbf{\Phi}'\boldsymbol{\beta}(k))] \\ &= MSE(\hat{\boldsymbol{\beta}}(k))\end{aligned}$$

□

定理 2.10 (岭估计的优良性基本定理) 存在 k, 使得 $MSE(\hat{\boldsymbol{\beta}}(k)) < MSE(\hat{\boldsymbol{\beta}})$, 即在均方误差的意义下, 存在 k, 使得岭估计优于最小二乘估计.

证明 由引理 2.6, 我们只需证明, 存在 k, 使得 $MSE(\hat{\boldsymbol{\alpha}}(k)) < MSE(\boldsymbol{\alpha})$ 因为 $MSE(\hat{\boldsymbol{\alpha}}(k)) = tr(Cov(\hat{\boldsymbol{\alpha}}(k))) + ||E(\hat{\boldsymbol{\alpha}}(k)) - \boldsymbol{\alpha}||^2$. 记 $\boldsymbol{\Lambda} = \Phi' X' X \Phi = diag\{\lambda_1, \cdots, \lambda_p\}$, 则

$$
\begin{aligned}
tr(Cov(\hat{\boldsymbol{\alpha}}(k)) &= Cov[(\boldsymbol{\Lambda} + k\boldsymbol{I}_p)^{-1}\boldsymbol{Z}'\boldsymbol{y}] \\
&= \sigma^2(\boldsymbol{\Lambda} + k\boldsymbol{I}_p)^{-1}\boldsymbol{Z}'\boldsymbol{Z}(\boldsymbol{\Lambda} + k\boldsymbol{I}_p)^{-1}
\end{aligned}
$$

记 $f_1(k) = tr[Cov(\hat{\boldsymbol{\alpha}}(k)] = \sum\limits_{i=1}^{p} \dfrac{\lambda_i \sigma^2}{(\lambda_i + k)^2}$, 则

$$
E(\hat{\boldsymbol{\alpha}}(k)) = E((\boldsymbol{\Lambda} + k\boldsymbol{I}_p)^{-1}\boldsymbol{Z}'\boldsymbol{y}) = (\boldsymbol{\Lambda} + k\boldsymbol{I}_p)^{-1}\boldsymbol{\Lambda}\boldsymbol{\alpha}
$$

故

$$
||E(\hat{\boldsymbol{\alpha}}(k)) - \boldsymbol{\alpha}||^2 = \sum_{i=1}^{p} \text{-}k^2\alpha_i(\lambda_i + k)^2
$$

记 $f_2(k) = \sum\limits_{i=1}^{p} \dfrac{k^2\alpha_i}{(\lambda_i + k)^2}$, 构造 $f(k) = f_1(k) + f_2(k)$, 下证存在 $k > 0$, 使得 $f(k) < f(0)$.

显然有

$$
f_1'(0) = -2\sigma^2 \sum_{i=1}^{p} \frac{1}{\lambda_i^2} < 0, f_2'(0) = 0
$$

从而 $f'(0) < 0$.

由于 $f_1'(k), f_2'(k)$ 在 $k \geqslant 0$ 处的连续性, 可以推出 $f'(k)$ 在 $k \geqslant 0$ 处的连续性, 从而可以知道在 $k = 0$ 充分小的邻域 $N(0, \delta)$ 内, $f'(k^*) < 0$, 故存在 $k_1 > 0$, 使得 $k_1 \in N(0, \delta)$, 有 $f(k_1) < f(0)$. □

注 (1) 该定理只能对较小的 β 成立.

(2) 岭回归较之于最小二乘法其实是对最小二乘解做一个压缩变换. 这很容易由下看出.

$$
\hat{\boldsymbol{\alpha}}(k) = (\boldsymbol{\Lambda} + k\boldsymbol{I}_p)^{-1}\boldsymbol{\Lambda}\hat{\boldsymbol{\alpha}} = \begin{pmatrix} \dfrac{\lambda_1}{\lambda_1 + k} & & \\ & \ddots & \\ & & \dfrac{\lambda_p}{\lambda_p + k} \end{pmatrix} \hat{\boldsymbol{\alpha}} \tag{2.42}
$$

考虑 $\boldsymbol{X}$ 的奇异值分解 $\boldsymbol{X}=\boldsymbol{UDV}'$, 其中 $\boldsymbol{D}_{p\times p}=diag(d_1^2,\cdots,d_p^2), d_i^2$ 是 $X'X$ 特征值, $\boldsymbol{U}_{n\times p},\boldsymbol{V}_{p\times p}$ 是正交阵.

$$\boldsymbol{X}'\boldsymbol{X}=\boldsymbol{VD}^2\boldsymbol{V}'$$

$$\hat{y}_{ls}=\boldsymbol{X}(\boldsymbol{X}'\boldsymbol{X})^{-1}\boldsymbol{X}'\boldsymbol{y}=\boldsymbol{UU}'\boldsymbol{y}=\sum_j u_j u_j'\boldsymbol{y}$$

$$\hat{y}_{\text{ridge}}=\sum_j u_j u_j'\frac{d_j^2}{d_j^2+\lambda}\boldsymbol{y}$$

(3) 从优化的角度看岭回归.

对满足 Gauss-Markov 条件的线性模型 $\boldsymbol{y}=X\boldsymbol{\beta}+\varepsilon$, 求解

$$\min_{\boldsymbol{\beta}} Q(\boldsymbol{\beta})=||\boldsymbol{y}-X\boldsymbol{\beta}||^2$$
$$\text{s.t.}\quad ||\boldsymbol{\beta}||\leqslant C$$

分析: 条件 $||\beta||\leqslant C$ 实际上将 β 的范围限制在一个球内, 而不是像普通最小二乘法在全空间内寻找解.

解　利用 Lagrange 乘子法, 设 $L(\boldsymbol{\beta},k)=(\boldsymbol{y}-\boldsymbol{X\beta})'(\boldsymbol{y}-\boldsymbol{X\beta})+k(\boldsymbol{\beta}'\boldsymbol{\beta}-C)$

$$\frac{\partial L(\boldsymbol{\beta},k)}{\partial\boldsymbol{\beta}}=-2\boldsymbol{X}'\boldsymbol{y}+2(\boldsymbol{X}'\boldsymbol{X}+k\boldsymbol{I}_p)\boldsymbol{\beta}=0 \tag{2.43}$$

解得 $\boldsymbol{\beta}^*=(\boldsymbol{X}'\boldsymbol{X}+k\boldsymbol{I}_p)^{-1}\boldsymbol{X}'\boldsymbol{y}$, 从而岭回归可以看作是带约束的最小二乘问题.

(4) 还有类似的约束问题, 可以帮助消除无关的回归变量, 具体见 lasso 方法.

3. 岭回归参数 k 的选择

在实际应用中，岭参数的选择是一个很重要的问题. 统计学家们提出了选择岭参数 k 的许多方法. 从计算机模拟比较的结果看，在这些方法中没有一个方法能够一致地优于其他方法. 下面我们介绍目前应用较多的两种方法.

(1) Hoerl-Kennard 公式

基本思想: 选取 k，保持 $f'(k)<0$.

方法：由于 $f'(k)=2\sum\limits_{i=1}^{p}\dfrac{\lambda_i(k\alpha_i^2-\sigma^2)}{(\lambda_i+k)^3}$，故取 $\hat{k}=\dfrac{\hat{\sigma}^2}{\max\limits_{1\leqslant i\leqslant p}\hat{\alpha}_i}$. 对任意 $k\in(0,\hat{k})$ 都可以选作岭参数.

(2) 岭迹法

分别做出 $\boldsymbol{\beta}(k)$ 的每个分量 $\beta_i(k)$ 的函数图像，选择适合的 k, 需要考虑如下几个方面：

① 选取 k 使得岭回归参数的值符合实际问题；

② k 越大偏差 $||E(\hat{\boldsymbol{\beta}}(k))-\boldsymbol{\beta}||^2$ 越大，因此要尽量控制偏差大小；

③ 使回归系数大致稳定, 所谓稳定，可以从岭迹图 2.2 看出.

表 2.2 k 值不同时的岭回归估计量

k	0	0.1	0.15	0.2	0.3	0.4	0.5	1
$\hat{\beta}_1(k)$	11.31	3.48	2.99	2.71	2.39	2.20	2.06	1
$\hat{\beta}_2(k)$	−6.59	0.63	1.02	1.21	1.39	1.46	1.49	1

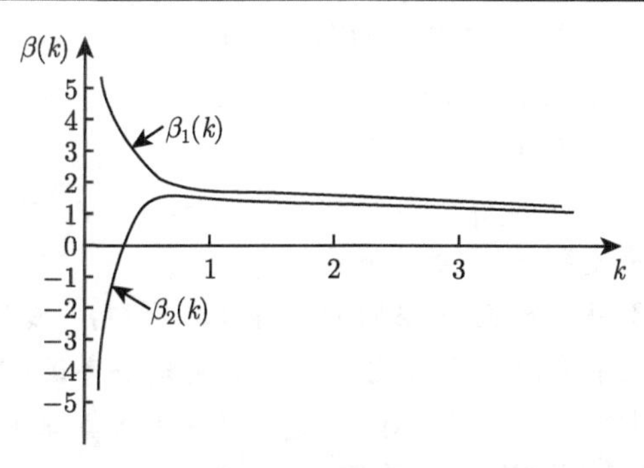

图 2.2 岭迹图

在实际处理上, 上述几点原则有时可能会有些互相不一致, 顾此失彼的情况也经常出现，这就要根据不同的情况灵活处理.

2.4.3 主成分回归

1. 主成分回归的思想

主成分分析也称主分量分析, 主成分分析是一种降维的思想, 在损失很少信息的前提下把多个指标利用正交旋转变换转化为几个综合指标的多元统计分析方法. 通常把转化生成的综合指标称为主成分，其中每个主成分都是原始变量的线性组合, 且各个主成分之间互不相关. 这样在研究复杂问题时就可以只考虑少数几个主成分且不至于损失太多信息, 从而更容易抓住主要矛盾, 揭示事物内部变量之间的规律性，同时使问题得到简化，提高分析效率.

2. 典则形式

$$\boldsymbol{y}=\boldsymbol{X}\boldsymbol{\beta}+\boldsymbol{\varepsilon}$$

$$\boldsymbol{X}'\boldsymbol{X}=\boldsymbol{\Phi}\boldsymbol{\Lambda}\boldsymbol{\Phi}'\Rightarrow\boldsymbol{\Phi}'\boldsymbol{X}'\boldsymbol{X}\boldsymbol{\Phi}=\boldsymbol{\Lambda}$$

$$\hat{\boldsymbol{\beta}}=(\boldsymbol{X}'\boldsymbol{X})^{-1}\boldsymbol{X}'\boldsymbol{y}$$

$$\boldsymbol{y}=\boldsymbol{X}\boldsymbol{\Phi}\boldsymbol{\Phi}'\boldsymbol{\beta}+\boldsymbol{\varepsilon}\xlongequal{X\Phi=Z,\Phi'\beta=\alpha}Z\boldsymbol{\alpha}+\boldsymbol{\varepsilon} \tag{2.44}$$

$$\hat{\boldsymbol{\alpha}} = (\boldsymbol{Z}'\boldsymbol{Z})^{-1}\boldsymbol{Z}'\boldsymbol{Y} = \boldsymbol{\Lambda}^{-1}\boldsymbol{Z}'\boldsymbol{y}$$

新的设计阵 $\boldsymbol{Z} = (z_{(1)}, \cdots, z_{(p)}) = (\boldsymbol{X}\varphi_1, \cdots, \boldsymbol{X}\varphi_p)$，即 $z_{(i)} = \boldsymbol{X}\varphi_i$. 于是 $\boldsymbol{Z}$ 的第 i 列 $z_{(i)}$ 是原来 p 个自变量的线性组合，其组合系数为 $\boldsymbol{X}'\boldsymbol{X}$ 的第 i 个特征根对应的特征向量 ϕ_i. 因此，$\boldsymbol{Z}$ 的 p 个列就对应于 p 个以原来变量的特殊线性组合（即以 $\boldsymbol{X}'\boldsymbol{X}$ 的特征向量为组合系数）构成的新变量. 在统计学上，称这些新变量为主成分. 排在第 1 列的新变量对应于 $\boldsymbol{X}'\boldsymbol{X}$ 的最大特征根，于是成为第一主成分，排在第 2 列的就称为第二主成分，以此类推.

注　(1) $\boldsymbol{\Phi}$ 的列是 $\boldsymbol{X}'\boldsymbol{X}$ 的单位特征向量.

(2) $\boldsymbol{Z}'\boldsymbol{Z} = \boldsymbol{\Lambda} \Longrightarrow \boldsymbol{Z}$ 的列向量正交.

(3) $\boldsymbol{Z}$ 列分块 $(z_{(1)}, \cdots, z_{(p)})$, $\boldsymbol{\Phi}$ 的列分块 $(\varphi_1, \cdots, \varphi_p) \Rightarrow z_{(i)} = \boldsymbol{X}\varphi_i$.（$\boldsymbol{Z}$ 的列向量和 $\boldsymbol{X}$ 的列向量的关系 $\Rightarrow$ 线性组合）.

(4) $\boldsymbol{X}'\boldsymbol{X}$ 和 $\boldsymbol{Z}'\boldsymbol{Z}$ 是两个形状相同的椭球（二次型）. 若椭球很扁，则说明自变量有线性关系；若短轴很短，中心化方便我们直接丢弃该变量.

因为 $\boldsymbol{X}$ 是中心化的，即 $1'\boldsymbol{X} = 0$，于是 $1'\boldsymbol{Z} = 1'\boldsymbol{X}\boldsymbol{\Phi} = 0$. 所以 $\boldsymbol{Z}$ 也是中心化的. 因而 $\boldsymbol{Z}$ 的各列元的平均值 $\bar{z}_j = \frac{1}{n}\sum\limits_{i=1}^{n} z_{ij} = 0, j = 1, \cdots, p$.

$$z'_{(i)}z_{(i)} = \varphi'_i\boldsymbol{X}'\boldsymbol{X}\varphi_i = \lambda_i$$

由此可知，$\sum\limits_{i=1}^{n}(z_{ij} - \bar{z}_j)^2 = z'_{(i)}z_{(i)} = \lambda_i, \quad 1 \leqslant i \leqslant p$. 故 $\boldsymbol{X}'\boldsymbol{X}$ 的第 i 个特征根衡量了第 i 个主成分取值的变动大小. 当设计阵 $\boldsymbol{X}$ 存在复共线性时，有一些 $\boldsymbol{X}'\boldsymbol{X}$ 的特征值很小，不妨设 $\lambda_{r+1}, \cdots, \lambda_p \approx 0$. 这时后面的 $p-r$ 个主成分取值变动就很小，由于它们的均值都为 0，因而这些主成分的取值近似为 0. 因此，在用主成分作为新的回归自变量时，这后面的 $p-r$ 个主成分对因变量的影响就可以忽略掉，故可将它们从回归模型中剔除. 用最小二乘法做剩下的 r 个主成分回归，然后再变回到原来的自变量，就得到了主成分回归.

记 $\boldsymbol{\Lambda} = \begin{pmatrix} \boldsymbol{\Lambda}_{1r\times r} & 0 \\ 0 & \boldsymbol{\Lambda}_{2(p-r)\times(p-r)} \end{pmatrix}, \boldsymbol{\alpha} = \begin{pmatrix} \boldsymbol{\alpha}_1 \\ \boldsymbol{\alpha}_2 \end{pmatrix}, \boldsymbol{Z} = (\boldsymbol{Z}_1|\boldsymbol{Z}_2), \boldsymbol{\Phi} = (\Phi_1|\Phi_2)$, 其中 $\boldsymbol{\Lambda}_{2(p-r)\times(p-r)}$ 对应较小的 λ_i.

代回典则形式，$\boldsymbol{y} = \boldsymbol{Z}\boldsymbol{\alpha} + \varepsilon = (\boldsymbol{Z}_1|\boldsymbol{Z}_2)\begin{pmatrix} \boldsymbol{\alpha}_1 \\ \boldsymbol{\alpha}_2 \end{pmatrix} + \varepsilon = \boldsymbol{Z}_1\boldsymbol{\alpha}_1 + \boldsymbol{Z}_2\boldsymbol{\alpha}_2 + \varepsilon \approx \boldsymbol{Z}_1\boldsymbol{\alpha}_1 + \varepsilon$.

应用最小二乘法得到

$$\begin{cases} \hat{\alpha}_1 = (\boldsymbol{Z}'_1\boldsymbol{Z}_1)^{-1}\boldsymbol{Z}'_1\boldsymbol{y} = \Lambda_1^{-1}\boldsymbol{Z}'_1\boldsymbol{y} \\ \hat{\boldsymbol{\alpha}}_2 = 0 \end{cases}$$

其中，$E(\hat{\boldsymbol{\alpha}}_1) = \alpha_1, Cov(\hat{\boldsymbol{\alpha}}_1) = \sigma^2 \boldsymbol{\Lambda}_1^{-1}$.

3. 主成分回归的参数估计

对应原线性模型的主成分估计

$$
\begin{aligned}
\widetilde{\boldsymbol{\beta}} &= \boldsymbol{\Phi}\hat{\boldsymbol{\alpha}} = \boldsymbol{\Phi}\begin{pmatrix}\hat{\boldsymbol{\alpha}}_1\\ \hat{\boldsymbol{\alpha}}_2\end{pmatrix} = \boldsymbol{\Phi}\begin{pmatrix}\hat{\boldsymbol{\alpha}}_1\\ 0\end{pmatrix}\\
&= (\boldsymbol{\Phi}_1|\boldsymbol{\Phi}_2)\begin{pmatrix}\hat{\boldsymbol{\alpha}}_1\\ 0\end{pmatrix} = \boldsymbol{\Phi}_1\hat{\boldsymbol{\alpha}}_1\\
&= \boldsymbol{\Phi}_1\boldsymbol{\Lambda}_1^{-1}\boldsymbol{Z}_1'\boldsymbol{y} = \boldsymbol{\Phi}_1\boldsymbol{\Lambda}_1^{-1}(\boldsymbol{X}\boldsymbol{\Phi}_1)'\boldsymbol{y}\\
&= \boldsymbol{\Phi}_1\boldsymbol{\Lambda}_1^{-1}\boldsymbol{\Phi}_1'\boldsymbol{X}'\boldsymbol{y}
\end{aligned}
$$

这就是 $\boldsymbol{\beta}$ 的主成分估计.

从上面的讨论，我们可以把获得主成分估计的方法归纳如下.

(1) 做正交变换 $\boldsymbol{Z} = \boldsymbol{X}\boldsymbol{\Phi}$，获得新的自变量，成为主成分；

(2) 做回归自变量选择：剔除对应的特征值比较小的那些主成分；

(3) 将剩余的主成分对 Y 做最小二乘回归，再返回到原来的参数，便得到因变量对原始自变量的主成分回归.

引理 2.7 主成分估计是有偏估计.

证明

$$
E(\widetilde{\boldsymbol{\beta}}) = (\boldsymbol{\Phi}_1, \boldsymbol{\Phi}_2)E\begin{pmatrix}\hat{\boldsymbol{\alpha}}_1\\ 0\end{pmatrix} = \boldsymbol{\Phi}_1\boldsymbol{\alpha}_1
$$

$\boldsymbol{\beta} = \boldsymbol{\Phi}_1\boldsymbol{\alpha}_1 + \boldsymbol{\Phi}_2\boldsymbol{\alpha}_2$，一般来说二者不相等. □

注 在一定条件下，主成分估计比最小二乘估计有较小的 MSE.

定理 2.11 当设计阵 $\boldsymbol{X}$ 存在复共线性时，适当选择保留的主成分个数可以获得较小的 MSE，即 $MSE(\widetilde{\boldsymbol{\beta}}) < MSE(\hat{\boldsymbol{\beta}})$.

证明 利用前面的记号，假设 $X'X$ 的后面 $p-r$ 个特征根 $\lambda_{r+1}, \cdots, \lambda_p$ 很接近于 0，故有

$$
\begin{aligned}
MSE(\widetilde{\boldsymbol{\beta}}) &= MSE\begin{pmatrix}\hat{\boldsymbol{\alpha}}\\ 0\end{pmatrix}\\
&= trCov\begin{pmatrix}\hat{\boldsymbol{\alpha}}\\ 0\end{pmatrix} + ||E\begin{pmatrix}\hat{\boldsymbol{\alpha}}\\ 0\end{pmatrix} - \boldsymbol{\alpha}||^2\\
&= \sigma^2 tr(\Lambda_1^{-1}) + ||\boldsymbol{\alpha}_2||^2
\end{aligned}
$$

因为

$$MSE(\hat{\boldsymbol{\beta}}) = \sigma^2 tr(\boldsymbol{\Lambda}_1^{-1})$$

所以

$$MSE(\widetilde{\boldsymbol{\beta}}) = MSE(\hat{\boldsymbol{\beta}}) + (||\boldsymbol{\alpha}_2||^2 - \sigma^2 tr(\boldsymbol{\Lambda}_1^{-1})).$$

于是

$$MSE(\widetilde{\boldsymbol{\beta}}) < MSE(\hat{\boldsymbol{\beta}})$$

当且仅当

$$||\boldsymbol{\alpha}_2||^2 < \sigma^2 tr(\Lambda_1^{-1}) = \sigma^2 \sum_{i=r+1}^{p} \frac{1}{\lambda_i}$$

因为我们假定 $\boldsymbol{X}'\boldsymbol{X}$ 的后面 $p-r$ 个特征值接近于 0，于是上式右端很大，故不等式成立，定理得证. □

4. 如何选择主成分个数?

记 $p = \dfrac{\sum\limits_{i=1}^{r} \lambda_i}{\sum\limits_{i=1}^{p} \lambda_i}$，同时给定一个门限值 $a(0 < a < 1)$，当 $p > a$ 时所对应的 r 就是我们保留的主成分个数，a 一般取 0.8, 0.75 等数值.

第 3 章　变量选择和贝叶斯线性模型

一般情况下，在建立回归模型时，为全面起见，人们总是根据所研究问题的目的，尽可能地把与因变量有关的所有自变量包含进方程里，但是不可避免地会引入一些对因变量影响很小，甚至没有影响的自变量，这使得模型的复杂度变高，而且得到的回归方程稳定性很差，也可能会降低模型的精确度. 从 20 世纪 60 年代开始，关于自变量选择的问题便受到统计学家的广泛关注. 本章将介绍变量选择对于模型的影响；以及如何从所有的自变量集合中找出一个“最优”子集，它既能很好的解释因变量，又有较低的计算复杂度；除此之外，还将详细介绍近年来广泛使用的 lasso 方法以及与变量选择的关系.

3.1　全模型和选模型

设某一实际问题所包含的所有自变量有 p 个，为方便起见，我们称因变量 $\boldsymbol{y}$ 与所有自变量 $x_1, x_2, \cdots, x_p$ 构成的回归模型为“全模型”，即

$$\boldsymbol{y} = \boldsymbol{X\beta} + \boldsymbol{\varepsilon} = (\boldsymbol{X}_q, \boldsymbol{X}_t)\begin{pmatrix}\boldsymbol{\beta}_q \\ \boldsymbol{\beta}_t\end{pmatrix} + \boldsymbol{\varepsilon} = \boldsymbol{X}_q\boldsymbol{\beta}_q + \boldsymbol{X}_t\boldsymbol{\beta}_t + \boldsymbol{\varepsilon} \tag{3.1}$$

其中 $\boldsymbol{\varepsilon}$ 为误差项. 因此，由前面章节所学知识，全模型参数的最小二乘估计为

$$\hat{\boldsymbol{\beta}} = (\boldsymbol{X}'\boldsymbol{X})^{-1}\boldsymbol{X}'\boldsymbol{y}$$
$$\hat{\sigma}^2 = \frac{RSS}{n-p} = \frac{\boldsymbol{y}'(I-H)\boldsymbol{y}}{n-p}$$

相应地，我们从全部自变量中选出部分自变量，不妨设为前 q 个自变量 $x_1, x_2, \cdots, x_q$，与因变量 $\boldsymbol{y}$ 构成的回归模型称为“选模型”，即

$$\boldsymbol{y} = \boldsymbol{X}_q\boldsymbol{\beta}_q + \boldsymbol{\varepsilon} \tag{3.2}$$

因此，选模型参数的最小二乘估计为

$$\tilde{\boldsymbol{\beta}}_q = (\boldsymbol{X}_q'\boldsymbol{X}_q)^{-1}\boldsymbol{X}_q'\boldsymbol{y}$$
$$\tilde{\sigma_q}^2 = \frac{\boldsymbol{y}'(\boldsymbol{I} - \boldsymbol{X}_q(\boldsymbol{X}_q'\boldsymbol{X}_q)^{-1}\boldsymbol{X}_q')\boldsymbol{y}}{n-q}$$

显然，只含有部分自变量的选模型将会对原来的全模型产生影响，下面将从参数估计和预测两方面进行讨论.

3.1.1 减少自变量对模型参数估计的影响

对于参数向量的估计，我们可以拓展均方误差 MSE 的定义.

定义 3.1 (均方误差阵 MSEM) 对于参数 $\boldsymbol{\theta}\in\mathbb{R}^n$,$\hat{\boldsymbol{\theta}}$ 是其估计量，则

$$MSEM(\hat{\boldsymbol{\theta}})=E(\hat{\boldsymbol{\theta}}-\boldsymbol{\theta})(\hat{\boldsymbol{\theta}}-\boldsymbol{\theta})' \tag{3.3}$$

由定义，有如下分解

$$\begin{aligned}MSEM(\hat{\boldsymbol{\theta}})&=E(\hat{\boldsymbol{\theta}}-\boldsymbol{\theta})(\hat{\boldsymbol{\theta}}-\boldsymbol{\theta})'\\&=E(\hat{\boldsymbol{\theta}}-E\hat{\boldsymbol{\theta}}+E\hat{\boldsymbol{\theta}}-\boldsymbol{\theta})(\hat{\boldsymbol{\theta}}-E\hat{\boldsymbol{\theta}}+E\hat{\boldsymbol{\theta}}-\boldsymbol{\theta})'\\&=Cov(\hat{\boldsymbol{\theta}})+(E\hat{\boldsymbol{\theta}}-\boldsymbol{\theta})(E\hat{\boldsymbol{\theta}}-\boldsymbol{\theta})'\end{aligned} \tag{3.4}$$

可见，$\hat{\boldsymbol{\theta}}$ 的均方误差阵是由它的协方差阵和估计偏差阵两部分组成的.

定理 3.1 假设全模型 (3.1) 正确，则

(1) $E(\tilde{\boldsymbol{\beta}}_q)=\boldsymbol{\beta}_q+A\boldsymbol{\beta}_t$，$\boldsymbol{A}=(\boldsymbol{X}_q'\boldsymbol{X}_q)^{-1}\boldsymbol{X}_q'\boldsymbol{X}_t$. (3.5)

(2) $Cov(\hat{\boldsymbol{\beta}}_q)\geqslant Cov(\tilde{\boldsymbol{\beta}}_q)$. (3.6)

证明 (1)

$$\begin{aligned}E(\tilde{\boldsymbol{\beta}}_q)&=E[(\boldsymbol{X}_q'\boldsymbol{X}_q)^{-1}\boldsymbol{X}_q'\boldsymbol{y}]\\&=(\boldsymbol{X}_q'\boldsymbol{X}_q)^{-1}\boldsymbol{X}_q'(\boldsymbol{X}_q\boldsymbol{\beta}_q+\boldsymbol{X}_t\boldsymbol{\beta}_t)\\&=\boldsymbol{\beta}_q+(\boldsymbol{X}_q'\boldsymbol{X}_q)^{-1}\boldsymbol{X}_q'X_t\boldsymbol{\beta}_t\end{aligned}$$

(2)

$$Cov(\tilde{\boldsymbol{\beta}}_q)=\sigma^2(\boldsymbol{X}_q'\boldsymbol{X}_q)^{-1}$$

$$\begin{aligned}Cov(\hat{\boldsymbol{\beta}})&=\sigma^2(\boldsymbol{X}'\boldsymbol{X})^{-1}\\&=\sigma^2\begin{pmatrix}\boldsymbol{X}_q'\boldsymbol{X}_q & \boldsymbol{X}_q'\boldsymbol{X}_t\\ \boldsymbol{X}_t'\boldsymbol{X}_q & \boldsymbol{X}_t'\boldsymbol{X}_t\end{pmatrix}^{-1}\\&=\sigma^2\begin{pmatrix}(\boldsymbol{X}_q'\boldsymbol{X}_q)^{-1}+\boldsymbol{ADA}' & \boldsymbol{B}\\ \boldsymbol{B}' & \boldsymbol{D}\end{pmatrix}\end{aligned}$$

其中，$\boldsymbol{B}=-(\boldsymbol{X}_q'\boldsymbol{X}_q)^{-1}\boldsymbol{X}_q'\boldsymbol{X}_t\boldsymbol{D}=-\boldsymbol{AD}$，$\boldsymbol{D}^{-1}=\boldsymbol{X}_t'\boldsymbol{X}_t-\boldsymbol{X}_t'\boldsymbol{X}_q(\boldsymbol{X}_q'\boldsymbol{X}_q)^{-1}\boldsymbol{X}_q'\boldsymbol{X}_t$. 所以

$$Cov(\hat{\boldsymbol{\beta}}_q)=\sigma^2[(\boldsymbol{X}_q'\boldsymbol{X}_q)^{-1}+\boldsymbol{ADA}']$$

结论显然成立. □

注 (1) $\tilde{\boldsymbol{\beta}}_q$ 是 $\boldsymbol{\beta}_q$ 的无偏估计，如果
$\boldsymbol{\beta}_t=0$，即选模型和全模型相同；
$\boldsymbol{A}=0$，即 $\boldsymbol{X}_q'\boldsymbol{X}_t=0$.
(2) $Cov(\hat{\boldsymbol{\beta}}_t)=\sigma^2\boldsymbol{D}$.
(3) 上述定理说明，减少自变量使得 β_q 的最小二乘估计出现偏差，但方差减小，所以总体效果不定.

定理 3.2 假设全模型正确，当 $Cov(\hat{\boldsymbol{\beta}}_t)\geqslant\boldsymbol{\beta}_t\boldsymbol{\beta}_t'$ 时，

$$MSEM(\hat{\boldsymbol{\beta}}_q)\geqslant MSEM(\tilde{\boldsymbol{\beta}}_q) \tag{3.7}$$

证明 因为 $\hat{\boldsymbol{\beta}}_q$ 是 $\boldsymbol{\beta}_q$ 的无偏估计，由分解形式 (3.4)，有

$$\begin{aligned}
MSEM(\hat{\boldsymbol{\beta}}_q)&=Cov(\hat{\boldsymbol{\beta}}_q)=\sigma^2(\boldsymbol{X}_q'\boldsymbol{X}_q)^{-1}+\boldsymbol{A}\sigma^2\boldsymbol{D}\boldsymbol{A}'\\
MSEM(\tilde{\boldsymbol{\beta}}_q)&=E(\tilde{\boldsymbol{\beta}}_q-\boldsymbol{\beta}_q)(\tilde{\boldsymbol{\beta}}_q-\boldsymbol{\beta}_q)'\\
&=Cov(\tilde{\boldsymbol{\beta}}_q)+(E\tilde{\boldsymbol{\beta}}_q-\boldsymbol{\beta}_q)(E\tilde{\boldsymbol{\beta}}_q-\boldsymbol{\beta}_q)'\\
&=\sigma^2(\boldsymbol{X}_q'\boldsymbol{X}_q)^{-1}+\boldsymbol{A}\boldsymbol{\beta}_t\boldsymbol{\beta}_t'\boldsymbol{A}'
\end{aligned}$$

注意到 $Cov(\hat{\boldsymbol{\beta}}_t)=\sigma^2\boldsymbol{D}$，故当 $Cov(\hat{\boldsymbol{\beta}}_t)\geqslant\boldsymbol{\beta}_t\boldsymbol{\beta}_t'$ 时，定理得证. □

定理 3.3 假设全模型正确，则 $E(\tilde{\sigma_q}^2)=\sigma^2+\dfrac{\boldsymbol{\beta}_t'\boldsymbol{D}^{-1}\boldsymbol{\beta}_t}{n-q}$.

证明

$$\begin{aligned}
(n-q)E(\tilde{\sigma_q}^2)&=E[\boldsymbol{y}'(\boldsymbol{I}_n-\boldsymbol{X}_q(\boldsymbol{X}_q'\boldsymbol{X}_q)^{-1}\boldsymbol{X}_q')\boldsymbol{y}]\\
&=(\boldsymbol{X}\boldsymbol{\beta})'(\boldsymbol{I}_n-\boldsymbol{X}_q(\boldsymbol{X}_q'\boldsymbol{X}_q)^{-1}\boldsymbol{X}_q')\boldsymbol{X}\boldsymbol{\beta}+\sigma^2tr(\boldsymbol{I}_n-\boldsymbol{X}_q(\boldsymbol{X}_q'\boldsymbol{X}_q)^{-1}\boldsymbol{X}_q')\\
&=(\boldsymbol{X}_t\boldsymbol{\beta}_t)'(\boldsymbol{I}_n-\boldsymbol{X}_q(\boldsymbol{X}_q'\boldsymbol{X}_q)^{-1}\boldsymbol{X}_q')\boldsymbol{X}_t\boldsymbol{\beta}_t+\sigma^2(n-q)
\end{aligned}$$

所以

$$\begin{aligned}
E(\tilde{\sigma_q}^2)&=\sigma^2+\frac{\boldsymbol{\beta}_t'\boldsymbol{X}_t'(\boldsymbol{I}_n-\boldsymbol{X}_q(\boldsymbol{X}_q'\boldsymbol{X}_q)^{-1}\boldsymbol{X}_q')\boldsymbol{X}_t\boldsymbol{\beta}_t}{n-q}\\
&=\sigma^2+\frac{\boldsymbol{\beta}_t'\boldsymbol{D}^{-1}\boldsymbol{\beta}_t}{n-q}
\end{aligned}$$

□

注 丢掉一些和因变量相关的自变量后，σ^2 的估计会偏高.

3.1.2 减少自变量对预测的影响

现在我们来讨论在减少自变量后，对于因变量 Y 的预测值的影响. 假设我们想在点 $\boldsymbol{x}=(x_1,x_2,\cdots,x_p)'$ 处预测因变量的值. 在全模型 (3.1) 下，y 的预测值为

$$\hat{y}=\boldsymbol{x}'\hat{\boldsymbol{\beta}}$$

在选模型 (3.2) 下，$\boldsymbol{y}$ 的预测值为

$$\tilde{\boldsymbol{y}} = \boldsymbol{x}_q'\tilde{\boldsymbol{\beta}}_q$$

全模型和选模型的预测误差分别定义为 $\boldsymbol{U} = \boldsymbol{y} - \hat{\boldsymbol{y}}$，$\boldsymbol{U}_q = \boldsymbol{y} - \tilde{\boldsymbol{y}}$.

定理 3.4　假设全模型正确，则预测误差具有下列性质:

(1) $E(\boldsymbol{U}_q) = \boldsymbol{x}_t'\boldsymbol{\beta}_t - \boldsymbol{x}_q'\boldsymbol{A}\boldsymbol{\beta}_t$　　(3.8)

(2) $Var(\boldsymbol{U}) \geqslant Var(\boldsymbol{U}_q)$　　(3.9)

证明　(1) 由 $\tilde{\beta}_q$ 的期望 (3.5) 知

$$\begin{aligned} E(\boldsymbol{U}_q) &= E(\boldsymbol{y} - \boldsymbol{x}_q'\tilde{\boldsymbol{\beta}}_q) \\ &= E(\boldsymbol{x}'\boldsymbol{\beta} + \boldsymbol{\varepsilon} - \boldsymbol{x}_q'\tilde{\boldsymbol{\beta}}_q) \\ &= \boldsymbol{x}'\boldsymbol{\beta} - \boldsymbol{x}_q'(\boldsymbol{\beta}_q + A\boldsymbol{\beta}_t) \\ &= \boldsymbol{x}_t'\boldsymbol{\beta}_t - \boldsymbol{x}_q'\boldsymbol{A}\boldsymbol{\beta}_t \end{aligned}$$

(2) 由前面章节可知 $Var(\boldsymbol{U}) = \sigma^2[1 + \boldsymbol{x}'(\boldsymbol{X}'\boldsymbol{X})^{-1}\boldsymbol{x}]$，而 $Var(\boldsymbol{U}_q) = \sigma^2[1 + \boldsymbol{x}_q'(\boldsymbol{X}_q'\boldsymbol{X}_q)^{-1}\boldsymbol{x}_q]$. 因此，

$$\begin{aligned} Var(\boldsymbol{U}) - Var(\boldsymbol{U}_q) &= \sigma^2[\boldsymbol{x}'(\boldsymbol{X}'\boldsymbol{X})^{-1}\boldsymbol{x} - \boldsymbol{x}_q'(\boldsymbol{X}_q'\boldsymbol{X}_q)^{-1}\boldsymbol{x}_q] \\ &= \sigma^2\left[\boldsymbol{x}'\begin{pmatrix} (\boldsymbol{X}_q'\boldsymbol{X}_q)^{-1} + \boldsymbol{ADA}' & \boldsymbol{B} \\ \boldsymbol{B}' & \boldsymbol{D} \end{pmatrix}\boldsymbol{x} - \boldsymbol{x}_q'(\boldsymbol{X}_q'\boldsymbol{X}_q)^{-1}\boldsymbol{x}_q\right] \\ &= \sigma^2(\boldsymbol{x_q'ADA'x_q} + \boldsymbol{2x_q'Bx_t} + \boldsymbol{x_t'Dx_t}) \\ &= \sigma^2\boldsymbol{(A'x_q - x_t)'D(A'x_q - x_t)} \geqslant 0 \end{aligned} \tag{3.10}$$

定理证毕.　□

定义 3.2 (均方预测误差)　设 $\hat{\boldsymbol{y}}$ 是 $\boldsymbol{y}$ 的预测值，则称 $MSEP(\hat{\boldsymbol{y}}) = E(\boldsymbol{y} - \hat{\boldsymbol{y}})^2 = E(U)^2$ 为 $\hat{y}$ 的均方预测误差.

则全模型和选模型的均方预测误差分别为

$$\begin{aligned} MSEP(\hat{\boldsymbol{y}}) &= Var(\boldsymbol{U}) \\ MSEP(\tilde{\boldsymbol{y}}) &= E(\boldsymbol{U}_q)^2 \\ &= E(\boldsymbol{U}_q - E\boldsymbol{U}_q + E\boldsymbol{U}_q)^2 \\ &= Var(\boldsymbol{U}_q) + (E\boldsymbol{U}_q)^2 \end{aligned}$$

定理 3.5 假设全模型正确，当 $Cov(\hat{\boldsymbol{\beta}}_t) \geqslant \boldsymbol{\beta}_t\boldsymbol{\beta}_t'$ 时，有

$$MSEP(\hat{\boldsymbol{y}}) \geqslant MSEP(\tilde{\boldsymbol{y}}) \tag{3.11}$$

证明 由 (3.8), (3.10) 知

$$\begin{aligned}MSEP(\hat{\boldsymbol{y}})-MSEP(\tilde{\boldsymbol{y}}) &= Var(\boldsymbol{U})-Var(\boldsymbol{U}_q)-(E\boldsymbol{U}_q)^2\\&=\sigma^2(\boldsymbol{A}'\boldsymbol{x}_q-\boldsymbol{x}_t)'\boldsymbol{D}(\boldsymbol{A}'\boldsymbol{x}_q-\boldsymbol{x}_t)-(\boldsymbol{A}'\boldsymbol{x}_q-\boldsymbol{x}_t)'\boldsymbol{\beta}_t\boldsymbol{\beta}_t'(\boldsymbol{A}'\boldsymbol{x}_q-\boldsymbol{x}_t)\\&=(\boldsymbol{A}'\boldsymbol{x}_q-\boldsymbol{x}_t)'(\sigma^2\boldsymbol{D}-\boldsymbol{\beta}_t\boldsymbol{\beta}_t')(\boldsymbol{A}'\boldsymbol{x}_q-\boldsymbol{x}_t)\end{aligned}$$

注意到 $Cov(\hat{\boldsymbol{\beta}}_t)=\sigma^2\boldsymbol{D}$，故当 $Cov(\hat{\boldsymbol{\beta}}_t) \geqslant \boldsymbol{\beta}_t\boldsymbol{\beta}_t'$ 时，定理得证. □

由上述结论可知，在构建线性回归模型时，并不是考虑的自变量越多，模型效果越好. 选择自变量的基本准则应该是“少而精”，丢掉一些自变量虽然使得回归系数的最小二乘估计和预测变为有偏的，但是可以使回归系数估计和预测误差的方差变小. 如果丢掉的自变量确实影响较小，则剩余变量的回归系数和预测的均方误差将减小. 所以，在建立回归模型的过程中，考虑变量选择有重要的意义，应综合考虑各方面因素，剔除那些可有可无的变量.

3.2 变量选择

对于最小二乘法给出的模型，我们往往感到不满意，这有以下两个原因.

(1) 预测精度: 最小二乘估计通常有较低的偏差但是却有很大的方差. 预测精度有时可以通过缩小或设置一些系数为零来改善. 通过这种方法，我们牺牲了一点偏差来减少模型的方差，因此可以提高整体预测精度.

(2) 模型解释力: 当预测变量过多时，我们通常想确定一个更小的子集来展示模型最好效果. 这是因为模型中常常存在很多与响应变量无关的自变量，增加了模型的复杂度.

3.2.1 最优子集回归

对于一个线性回归模型，设其包含 p 个可供选择的自变量，因为每个自变量都有选入或者不选入两种情况，所以所有可能的回归方程总共有 2^p 个，如果除去不包含所有自变量也就是只有常数项这种情况，那么所有可能的回归总共有 2^p-1 个. 所谓线性回归方程的选择，就是从这 2^p-1 个回归方程中找出一个“最优”的自变量子集 $x_{i_1}, x_{i_2}, \cdots, x_{i_q}$，与 Y 一起构成“最优”的回归模型，那么在这些回归子集中如何找到“最优”子集，衡量“最优”的标准是什么呢? 下面将介绍几种变量选择的准则.

前面章节我们从数据与模型拟合优劣的角度出发，直观地认为残差平方和 RSS 最小的回归方程就是最好的. 但是根据最小二乘原理，增加自变量时残差平方和将会减少，因此总是有

$$RSS_{q+1} \leqslant RSS_q$$

如果从这个角度出发，选入回归方程的自变量越多越好，那么 RSS 最小时即为全模型，这显然是不合理的，所以 RSS 还不能直接用于自变量的选择.

因此我们定义下面的平均残差平方和

$$RMS_q = \frac{1}{n-q} RSS_q \tag{3.12}$$

其中，$(n-q)^{-1}$ 是惩罚因子. 容易看到，随着 q 的增大，虽然 $(n-q)^{-1}$ 在不断增大，但此时 RSS_q 却减少很多，所以总体效果 RMS_q 减小了，但随着 q 的不断增大，RSS_q 的减小不足以抵消惩罚因子 $(n-q)^{-1}$ 的增大，所以最终 RMS_q 会增大. 因此，整体上 RMS_q 会随着 q 的增大先减小后增大. 我们依据 RMS_q 越小越好的准则选择自变量子集，称为 RMS_q 准则.

而我们知道复决定系数 $R = 1 - \dfrac{RSS_q}{TSS}$，我们对其做自由度调整，称

$$\begin{aligned} R_a^2 &= 1 - \frac{n-1}{n-q}(1-R^2) \\ &= 1 - \frac{n-1}{TSS} RMS_q \end{aligned}$$

为自由度调整复决定系数. 从拟合优度的角度追求最优，则所有回归子集中 R_a^2 最大的为最优子集. 可见，这与 RMS_q 准则是完全等价的.

1974 年日本统计学家赤池（Akaike）根据极大似然估计原理提出了一种模型选择准则，称为赤池信息量准则，简称 AIC 准则. AIC 统计量定义为

$$AIC = -2\ln L(\hat{\theta}_L, x) + 2q \tag{3.13}$$

其中，$L(\hat{\theta}_L, x)$ 为模型的似然函数，$\hat{\theta}_L$ 为 θ 的极大似然估计，x 为样本，q 为未知参数的个数. 针对回归模型，可将 AIC 统计量化为

$$AIC = n\ln(RSS_q) + 2q \tag{3.14}$$

对每一个回归模型计算 AIC 统计量，其中最小者对应的模型即为最优回归模型.

推广 AIC 准则，就得到了 BIC 统计量

$$BIC = n\ln(RSS_q) + 2q\ln n \tag{3.15}$$

相应地 BIC 准则为：使得 (3.15) 最小的自变量子集为最优子集.

1964 年马洛斯（Mallows）提出了一个从预测精度角度出发来考虑“最优”的统计量，称

$$C_p = \frac{RSS_q}{\hat{\sigma}^2} - n + 2q \tag{3.16}$$

为 C_p 统计量. 其中 $\hat{\sigma}^2$ 为全模型中误差方差的估计. 根据 (3.11)，即使全模型正确，但仍有可能选模型有更小的预测误差，根据这一性质得到了 C_p 准则：选择使 C_p 最小的自变量子集为最优子集.

虽然最优子集选择方法简单直观，但存在着计算效率低下的巨大缺陷. 随着自变量总数 p 的增加，可选择的模型成指数形式增长，在现在的大数据背景下，这是不能承受的. 后面将介绍如逐步回归和 lasso 等比最优子集回归更高效的变量选择方法.

3.2.2 逐步回归

由于计算的限制，当自变量过多的时候，最优子集回归的方法就不再有效. 我们就要寻找另一种方法来确定最优的模型. 向前逐步回归以只有截断项的模型为起点，依次往模型中添加自变量，直到所有的自变量都包含在模型之中. 在模型中添加自变量时，将使得模型效果最优的变量加入模型. 具体算法如下：

算法 1 向前逐步回归

1. (初始化) 记不含变量的模型为 $\mathscr{M}_0$.
2. 对于 $k = 0, 1, 2, \cdots, p-1$:
   (1) 分别在模型 $\mathscr{M}_k$ 上添加一个变量产生 $p-k$ 个模型;
   (2) 在 $p-k$ 个模型中选择 RSS 最低或者 R^2 最高的模型作为最优模型 $\mathscr{M}_k$.
3. 根据交叉验证误差, C_p(AIC), BIC 或者 R^2 从 $\mathscr{M}_0, \mathscr{M}_1, \cdots, \mathscr{M}_p$ 中选出一个最优模型.

与最优子集回归对 2^p 个模型进行拟合不同，向前逐步回归只需对零模型以及第 k 次的 $p-k$ 个模型进行拟合，相当于拟合 $\sum_{k=0}^{p-1}(p-k) = \dfrac{p(p+1)}{2}$ 个模型，大大减少了计算量.

向前逐步回归属于贪婪算法，生成一系列嵌套模型. 在这个意义上来看，最优子集选择是要优于向前逐步回归. 但是向前逐步回归有其自身的特点使得它更受欢迎.

(1) 计算量：对于 p 很大情况下，我们无法计算最优子集回归的所有子模型，但是我们依然可以计算逐步向前回归的所有子模型.

(2) 统计性质：对于最优子集回归而言，随着变量的搜索空间的增大，模型通常会有高方差的问题；向前逐步回归限制了搜索范围，使得模型的方差较低，但是可能这会造成较高的偏差.

与向前逐步回归类似，向后逐步回归比最优子集回归更加高效. 向后逐步回归以包含全部 p 个自变量的全模型为起点，依次删除一个对模型拟合最不利的变量.

算法过程如下.

算法 2　向后逐步回归

1. (初始化) 记包含全部 p 个自变量的全模型为 $\mathscr{M}_p$.
2. 对于 $k = p, p-1, \cdots, 1$:
   (1) 分别在模型 $\mathscr{M}_p$ 上删除一个变量产生 k 个模型;
   (2) 在 k 个模型中选择 $Z-score$ 最低的模型作为最优模型 $\mathscr{M}_{k-1}$.
3. 根据交叉验证误差, C_p(AIC), BIC 或者 R^2 从 $\mathscr{M}_0, \mathscr{M}_1, \cdots, \mathscr{M}_p$ 中选出一个最优模型.

向后逐步回归只需对 $\dfrac{p(p+1)}{2}$ 个模型进行搜索，在 p 过大时可以采用该方法来做变量选择，但是，向后逐步回归无法保证得到的模型是包含 p 个自变量子集的最优模型. 向后逐步回归需满足 $N \geqslant q$ 的条件，而向前逐步回归没有这一限制条件.

一些软件中增加了混合的逐步回归方法，在每一步的变量选择中，既考虑“向前”同时又考虑“向后”，选择这两者中的“最优”作为当前的变量选择. 比如 R 语言中的函数 step 使用 AIC 准则来进行变量选择，并且选择合适的模型拟合次数，在每一步中，通过选择最小的 AIC 值来确定是添加变量还是删除变量.

一些传统的统计软件仍然基于 F-统计量来增加变量或者删除变量. F-统计量已经过时了，这是因为他们无法确定合适的测试问题的个数. 我们注意到，变量经常会成组 (例如编码多级分类预测变量的虚拟变量). 一些逐步回归算法 (例如 R 中的 step 函数) 将适当考虑其自由度，从而一次添加或删除整个组.

3.2.3　前向分段回归

前向分段回归比向前逐步回归限制条件更多. 与向前逐步回归类似，前向分段回归将截距项设置为 $\bar{y}$，并且其他自变量的系数设置为零. 每一步，挑选和当前残差最相关的自变量，计算当前残差关于这个自变量的最小二乘的系数，随后将这个系数添加到之前这个自变量的系数上，算法持续执行直到没有自变量与残差相关 (相关系数很小). 前向分段回归的算法过程如下.

算法 3　前向分段回归

1. (初始化) 记只含有截断项的模型为 $\hat{y} = \bar{y}$.
2. 计算相关系数向量 $c = c(\hat{y}) = X'(y - \hat{y})$, 其中 c_j 是变量 x_j 与当前残差 $y - \hat{y}$ 的相关系数.
3. 往相关系数最大的维度方向走一小步: $\hat{j} = argmax|c_j|$ 并且 $\hat{y} = \bar{y} + \varepsilon sign(c_{\hat{j}})x_j$,
4. 计算新的残差与剩下变量的相关系数，如果相关系数很小或为零，那么停止算法;
   如果相关系数很大，那么返回步骤 3.

在这个算法中 ε 是一个很小的数，这是为了保证在这个方向上走多步，如果 $\varepsilon = c_j$，那么前向分段回归就变成了向前逐步回归，是完全的贪婪算法.

与向前逐步回归不同的是，前向分段回归添加变量并且计算系数时，不会做出改变或者调整模型中的其他自变量. 因此，前向分段回归经过比 p 多很多的迭代次数才能到达最终的拟合值，因此效率不是很高. 但是事实证明，这种“缓慢的拟合”可以解决高维度问题.

3.3 压缩方法

3.3.1 岭回归

当设计阵存在复共线性关系时，最小二乘法的性质不够理想，导致估计量方差变大，那么岭回归就通过牺牲无偏性，显著减少了估计量的方差. 岭回归通过最小化一个带有惩罚项的均方误差进行估计，如下式：

$$\hat{\beta}^{\text{ridge}} = \arg\min_{\beta}\left\{\sum_{i=1}^{N}(y_i - \beta_0 - \sum_{j=1}^{p} x_{ij}\beta_j)^2 + \lambda\sum_{j=1}^{p}\beta_j^2\right\} \tag{3.17}$$

其中 λ 是一个可调参数，将单独确定，$\lambda\sum_{j=1}^{p}\beta_j^2$ 被称为压缩惩罚. 当 $\lambda = 0$ 时，惩罚项不起作用，岭回归估计与最小二乘方法的结果一致，当 $\lambda \to \infty$ 时，压缩项增大，岭回归的系数将往零的方向进行缩减. 因此选择合适的 λ 值非常重要. 表 3.1 展示了在 prostate cancer 的数据集上，岭回归通过交叉验证得到的最优模型的回归参数以及测试集上的误差. 图 3.1 展示了在 prostate cancer 的数据集上岭回归的回归系数.

表 3.1 岭回归和 lasso 的回归系数

term	ridge	lasso
intercept	0.075575518	0.172708236
lcavol	0.075575518	0.546615723
lweight	0.599589889	0.597820655
age	−0.014473630	−0.015393586
lbph	0.137304129	0.135705554
svi	0.674693011	0.675719144
lcp	−0.110437781	−0.150165483
gleason	0.019949363	0
pgg45	0.006929742	0.007516022
MSE	0.4932241	0.4951891

岭回归不仅可以解决模型中复共线性的问题，还可以有效防止过拟合的发生. 那什么是过拟合呢？在统计学上，过拟合会使得模型产生与一组给定的样本数据过于接近的结果，之后可能导致模型无法适应其他数据或准确地预测未来的结果. 为什么会出现过拟合的模型呢？这是因为用于选择模型的标准与用于判断模型适用

性的标准不同. 就线性模型而言，我们可以通过在数据集上最小化均方误差来选择最优的模型，但是其适用性可能取决于其对未知数据的预测能力. 这就会导致通过最小二乘法得到的模型是最优的，但是却不是最适用的，因为很有可能该模型的预测能力相当糟糕，这与我们的初衷是不符的. 换句话说，过拟合的模型对于数据进行“记忆”训练，而我们希望模型对数据进行“学习”训练.

人们引入了很多技术来防止过拟合的发生，比如交叉验证、正则化、贝叶斯先验等等. 岭回归就是通过添加了惩罚项来防止过拟合的发生，这一技术属于正则化.

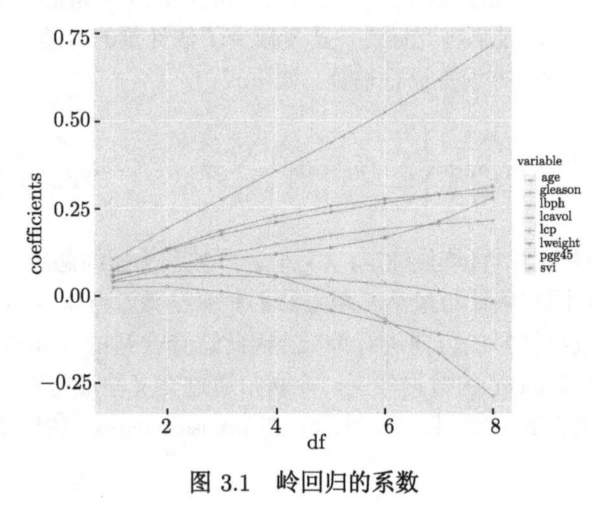

图 3.1 岭回归的系数

3.3.2 lasso

最优子集回归和逐步回归通常都会选择出变量的一个子集进行建模，但是岭回归的模型包含了全部 p 个自变量，虽然岭回归可以将系数往 0 的方向进行缩减，但是不会把任何一个变量的系数缩减至 0. 当变量个数过多的时候，岭回归给出的模型无法进行变量选择. lasso 与岭回归一样是一种收缩方法，但是它克服了岭回归的缺点. lasso 估计 $\hat{\beta}^{\text{lasso}}$ 定义如下所示：

$$\hat{\beta}^{\text{lasso}} = \arg\min_{\beta} \left\{ \sum_{i=1}^{N} (y_i - \beta_0 - \sum_{j=1}^{p} x_{ij}\beta_j)^2 + \lambda \sum_{j=1}^{p} |\beta_j| \right\} \tag{3.18}$$

我们可以发现岭回归和 lasso 具有相似的优化函数. 唯一的区别就是岭回归中 β_j^2 在 lasso 中被替换为 $|\beta_j|$. 换种说法，lasso 采用的 l_1 范数作为惩罚项，岭回归采用 l_2 范数作为惩罚项，l_1 范数定义为 $\|\beta\|_1 = \sum |\beta_j|$, l_2 范数定义为 $\|\beta\|_2 = \sum \beta_j^2$. 同样地，lasso 因为添加了 l_1 范数作为惩罚项，可以有效防止过拟合的发生. 表 3.1 展示了在 prostate cancer 的数据集上，lasso 通过交叉验证得到的最优模型的回归

参数以及测试集上的误差. 图 3.2 展示了在 prostate cancer 的数据集上，lasso 的系数的估计值.

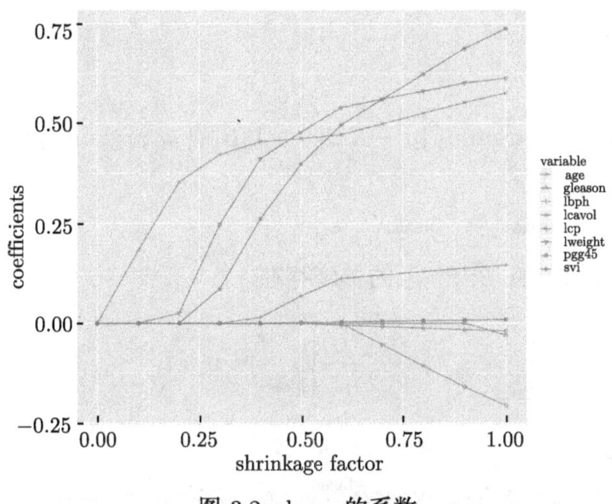

图 3.2 lasso 的系数

与岭回归相同，lasso 也将系数的估计值往 0 的方向进行缩减. 当 $\lambda = 0$ 时,lasso 与最小二乘方法的结果一致; 当可调参数 λ 足够大的时候，由于 ℓ_1 范数的性质可以将模型中某些系数压缩为 0. lasso 和最优子集、逐步回归类似，完成了变量选择. 所以说，与岭回归相比，lasso 建立的模型更具有解释性. 从第 2 章，我们可以知道岭回归存在系数的表达式 $\hat{\beta}^{\text{ridge}} = (\boldsymbol{X}'\boldsymbol{X} + \lambda\boldsymbol{I})^{-1}\boldsymbol{X}'\boldsymbol{y}$. 但是在 lasso 中，由于惩罚项 $\sum_{j=1}^{p}|\beta_j|$ 的性质，导致 lasso 没有类似于岭回归一样的闭式解. 但是在特殊情况下，lasso 拥有解析解.

3.3.3 正交设计下 lasso 的解

定义 3.3 对于 p 维欧氏空间中的凸开子集 U 上定义实值函数 $f: U \to R$. p 维向量 v 称为 f 在 x_0 处的次梯度, 如果对任意的 $x \in U$, 满足

$$f(x) - f(x_0) \geqslant v(x - x_0) \tag{3.19}$$

在 x_0 点处所有的次梯度所组成的集合称为次微分, 记作 $\partial f(x_0)$.

例 3.1 $f(x) = |x|$, 在 $x = 0$ 处的次微分为 $\partial f(0) = [-1, +1]$.

性质 3.1 点 x_0 是凸函数 f 的一个全局极小值点, 当且仅当 $0 \in \partial f(x_0)$.

当 $n = p$ 时，$\boldsymbol{X}$ 是 p 阶对角矩阵，假设线性模型为

$$\boldsymbol{y} = \boldsymbol{X}\boldsymbol{\beta} + \boldsymbol{\varepsilon} \tag{3.20}$$

那么，最小二乘的解为

$$\hat{\boldsymbol{\beta}} = \underset{\beta}{\operatorname{argmin}} \|\boldsymbol{y} - \boldsymbol{X\beta}\|^2 = (\boldsymbol{X}'\boldsymbol{X})^{-1}\boldsymbol{X}'\boldsymbol{y} = \boldsymbol{X}'\boldsymbol{y} \tag{3.21}$$

lasso 的解为

$$\hat{\boldsymbol{\beta}}^{\text{lasso}} = \underset{\beta}{\operatorname{argmin}}\{\|\boldsymbol{y} - \boldsymbol{X\beta}\|^2 + \lambda\|\boldsymbol{\beta}\|_1\} = \underset{\boldsymbol{\beta}}{\operatorname{argmin}}\, J_L(\boldsymbol{\beta}) \tag{3.22}$$

其中 $\hat{\boldsymbol{\beta}}^{\text{lasso}} = (\hat{\beta}_1^{\text{lasso}}, \cdots, \hat{\beta}_p^{\text{lasso}})$.

(1) $\overline{\beta_j} \neq 0$ 时. 此时，$\hat{\beta}_j^{\text{lasso}}$ 上的梯度存在.

$$\left.\frac{\partial J_L(\boldsymbol{\beta})}{\partial \beta_j}\right|_{\hat{\beta}_j^{\text{lasso}}} = 0$$

即

$$-2(\boldsymbol{X}'\boldsymbol{y} - \boldsymbol{X}'\boldsymbol{X}\hat{\boldsymbol{\beta}}^{\text{lasso}})_j + \lambda sign(\hat{\beta}_j^{\text{lasso}}) = 0$$

由正交性，上式等价于

$$-2(\hat{\boldsymbol{\beta}} - \hat{\boldsymbol{\beta}}^{\text{lasso}})_j + \lambda sign(\hat{\beta}_j^{\text{lasso}}) = 0$$

即

$$\hat{\beta}_j^{\text{lasso}} = \hat{\beta}_j - \frac{\lambda}{2} sign(\hat{\beta}_j^{\text{lasso}})$$

由于 $\hat{\beta}_j^{\text{lasso}}$ 和 $\hat{\beta}_j$ 同号，$sign(\hat{\beta}_j^{\text{lasso}}) = sign(\hat{\beta}_j)$，从而

$$\begin{aligned}\hat{\beta}_j^{\text{lasso}} &= \hat{\beta}_j - \frac{\lambda}{2} sign(\hat{\beta}_j) \\ &= sign(\hat{\beta}_j)\left(|\hat{\beta}_j| - \frac{\lambda}{2}\right)\end{aligned}$$

两边同时乘以 $sign(\hat{\beta}_j^{\text{lasso}})$，可得

$$|\hat{\beta}_j| - \frac{\lambda}{2} = |\hat{\beta}_j^{\text{lasso}}| \geqslant 0$$

因此

$$\hat{\beta}_j^{\text{lasso}} = sign(\hat{\beta}_j)\left(|\hat{\beta}_j| - \frac{\lambda}{2}\right)_+ \tag{3.23}$$

(2) $\hat{\beta}_j^{\text{lasso}} = 0$ 时. $J_L(\boldsymbol{\beta})$ 在 $\hat{\beta}_j^{\text{lasso}}$ 处不可微.

但是

$$
\begin{aligned}
0 = \hat{\beta}_j^{\text{lasso}} &\in \partial J_L(\boldsymbol{\beta}) \\
&= \{-2(\boldsymbol{X}'\boldsymbol{y} - \boldsymbol{X}'\boldsymbol{X}\hat{\boldsymbol{\beta}}^{\text{lasso}})_j + \lambda e, e \in [-1,+1]\} \\
&= \{2\overline{\beta_j} - 2\hat{\beta}_j + \lambda e, e \in [-1,+1]\}
\end{aligned}
$$

即存在 $e_0 \in [-1,+1]$，使得

$$
0 = 2\hat{\beta}_j^{\text{lasso}} - 2\hat{\beta}_j + \lambda e_0 = -2\hat{\beta}_j + \lambda e_0
$$

从而

$$
|\beta_j| = \frac{\lambda}{2}|e| \leqslant \frac{\lambda}{2}
$$

此时 $\hat{\beta}_j^{\text{lasso}} = 0$，也满足 (3.23) 式.

综上，可以得到 lasso 在正交情形下的解

$$
\hat{\beta}_j^{\text{lasso}} = sign(\hat{\beta}_j)\left(|\hat{\beta}_j| - \frac{\lambda}{2}\right)_+ \tag{3.24}
$$

3.3.4 岭回归、lasso 和最优子集

岭回归的回归系数 (3.17) 等价于

$$
\hat{\beta}^{\text{ridge}} = \arg\min_{\beta} \sum_{i=1}^{N}(y_i - \beta_0 - \sum_{j=1}^{p} x_{ij}\beta_j)^2, \quad \text{s.t.} \sum_{j=1}^{p}|\beta_j|^2 \leqslant t \tag{3.25}
$$

lasso 的回归系数 (3.18) 等价于

$$
\hat{\beta}^{\text{lasso}} = \arg\min_{\beta} \sum_{i=1}^{N}(y_i - \beta_0 - \sum_{j=1}^{p} x_{ij}\beta_j)^2, \quad \text{s.t.} \sum_{j=1}^{p}|\beta_j| \leqslant t \tag{3.26}
$$

这种形式就明确了岭回归和 lasso 的回归系数 β 的大小将会被限制. 等式 (3.18) 的 λ 和等式 (3.26) 中的 t 是一一对应的, 同样地，等式 (3.17) 的 λ 和等式 (3.25) 中 t 也存在一一对应的关系. 我们可以换种角度来理解岭回归和 lasso. 岭回归给出的回归参数是在约束条件 $\sum_{j=1}^{p}|\beta_j|^2 \leqslant t$ 下，最小化均方误差得到的结果. 当 t 很大的时候，这限制条件不会很严格，得到的结果就会接近于最小二乘的结果. lasso 给出的结果是在约束条件 $\sum_{j=1}^{p}|\beta_j| \leqslant t$ 下，最小化均方误差得到的结果. 由于约束条件的性质，使 t 足够小会导致一些系数恰好为零. 这样就使得 lasso 可以进行变量选择. 如果 t 大于 $t_0 = \sum_{j=1}^{p}|\hat{\beta}_j|$, 那么 lasso 得到的结果就是最小二乘估计的结果 $\hat{\beta}$.

考虑这样一个优化问题

$$\min_{\boldsymbol{\beta}} \sum_{i=1}^{N}(y_i - \beta_0 - \sum_{j=1}^{p} x_{ij}\beta_j)^2, \quad \text{s.t.} \sum_{j=1}^{p} I(\beta_j \neq 0) \leqslant t \tag{3.27}$$

其中 $I(\beta_j \neq 0)$ 是示性函数: 当 $\beta_j \neq 0$ 时，值为 1；否则等于 0. 这样，优化问题 (3.27) 实质就是在满足至多有 t 个系数不为 0 的情况下最小化均方误差. 这一优化问题就等价于最优子集回归. 当 p 很大的时候，优化问题 (3.27) 需要考虑 C_p^s 个预测变量的模型，计算量巨大，无法求解. 从该角度上来说，lasso 和岭回归代替了最优子集回归，更加便于计算.

为了更好地理解岭回归、lasso 和最优子集回归，考虑在正交的设计阵的情形下的线性模型. 在这种情形下，最小二乘法的解为

$$\hat{\beta}_j = y_j \tag{3.28}$$

岭回归就有如下形式：

$$\hat{\beta}_j^{\text{ridge}} = \hat{\beta}_j/(1+\lambda) \tag{3.29}$$

lasso 就有如下形式：

$$\hat{\beta}_j^{\text{lasso}} = \begin{cases} \hat{\beta}_j - \dfrac{\lambda}{2}, & \hat{\beta}_j > \dfrac{\lambda}{2} \\ \hat{\beta}_j + \dfrac{\lambda}{2}, & \hat{\beta}_j < -\dfrac{\lambda}{2} \\ 0, & |\hat{\beta}_j| \leqslant \dfrac{\lambda}{2} \end{cases} \tag{3.30}$$

最优子集回归 (假设最优子集的大小为 M) 的解如下所示：

$$\hat{\beta}_j^{\text{best}} = \hat{\beta}_j \cdot I(|\hat{\beta}_j| \geqslant |\hat{\beta}_{(M)}|) \tag{3.31}$$

如图 3.3 所示，岭回归和 lasso 表现出两种完全不同的压缩系数的方式. 岭回归是将模型中的系数成比例的压缩，而 lasso 以 $\dfrac{\lambda}{2}$ 为阈值，将最小二乘系数进行压缩，对于某些变量而言，lasso 可以将最小二乘系数压缩至 0. 我们将 (3.30) 这样的压缩方式称为“软阈值”形式. 最佳子集回归对最小二乘系数按照从大到小排序，选出第 M 个作为阈值，小于该阈值的全部的自变量全部舍弃，这是一种“硬阈值”形式.

对于更一般的设计阵 $\boldsymbol{X}$ 而言，系数的压缩情况比图中更为复杂一些，但是其本质没有发生变化，岭回归仍然以相同的比例来压缩系数，lasso 则是设定了一个

软阈值，使得一些变量压缩到零. 在自变量很多的模型中，lasso 可以进行变量选择，筛选出重要的变量，扔掉与模型无关的变量，这是岭回归不能办到的.

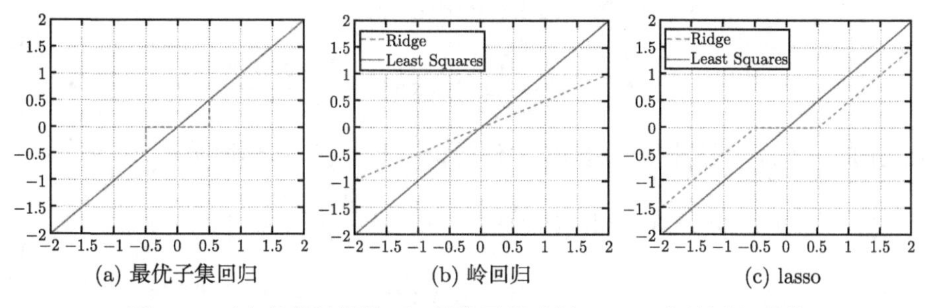

(a) 最优子集回归　(b) 岭回归　(c) lasso

图 3.3 正交的设计矩阵下，最优子集选择、lasso 和岭回归系数

3.4 贝叶斯线性模型

本节我们讨论贝叶斯角度下的线性模型，我们首先从非贝叶斯的角度说明线性模型中极大似然与最小二乘的等价性，然后在贝叶斯的角度下给出贝叶斯线性模型，给出特殊的先验假设下贝叶斯线性模型与岭回归的等价性，然后重点描述贝叶斯线性模型的学习过程，可以看到贝叶斯线性模型具有抗过拟合，并且对数据具有自适应自调整能力的先天优势. 和先前一样，以下我们总假定 $\mathbf{X}$ 为 $n\times p$ 的设计矩阵，$\mathbf{Y}$ 为 $n\times 1$ 的目标向量，参数 $\boldsymbol{\beta}$ 为 $n\times 1$ 的向量，$\boldsymbol{\varepsilon}$ 为 $n\times 1$ 的噪声向量.

3.4.1 最小二乘估计与极大似然估计

我们首先假定线性模型中的参数仅仅是一个待确定的值，最大似然是关于参数的函数，那么可利用最大似然对参数进行估计.

在本节中为了区分先验分布、后验分布以及预测分布，记多元线性模型的矩阵表示为

$$\mathbf{Y} = \mathbf{X}\boldsymbol{\beta} + \boldsymbol{\varepsilon} \tag{3.32}$$

为了统计分析，我们还假定 ε 服从 Gauss-Markov 条件，即：$\boldsymbol{\varepsilon} \sim N(0, \sigma^2 \boldsymbol{I}_n)$.

从之前的讨论中，我们已经知道最小二乘估计对于 (3.32) 式的解 $\hat{\boldsymbol{\beta}}$ 满足如下二次规划问题：

$$\hat{\boldsymbol{\beta}} = \arg\min_{\boldsymbol{\beta}} ||\mathbf{Y} - \mathbf{X}\boldsymbol{\beta}||^2 \tag{3.33}$$

下面我们从极大似然的角度给出多元线性模型 (3.32) 中的参数 $\boldsymbol{\beta}$ 的估计. 由于在 (3.32) 中 $\boldsymbol{\varepsilon} \sim N(0, \sigma^2 \boldsymbol{I}_n)$，因此 $\mathbf{Y} \sim N(\mathbf{X}\boldsymbol{\beta}, \sigma^2 \boldsymbol{I}_n)$，这样对于有 n 个观测点的

样本，我们可得到似然函数：

$$
\begin{aligned}
L(\boldsymbol{\beta};\mathbf{Y},\mathbf{X}) &= \prod_{i=1}^{n} N(X_i\boldsymbol{\beta},\sigma^2) \\
&= (\frac{1}{\sqrt{2\pi}\sigma})^n \exp\frac{-||\mathbf{Y}-\mathbf{X}\boldsymbol{\beta}||^2}{2\sigma^2}
\end{aligned} \tag{3.34}
$$

如果我们对 (3.34) 两边同时取自然对数，那么可得对数似然函数：

$$
\begin{aligned}
\ln L(\boldsymbol{\beta};\mathbf{Y},\mathbf{X}) &= \ln\{(\frac{1}{\sqrt{2\pi}\sigma})^n \exp\frac{-||\mathbf{Y}-\mathbf{X}\boldsymbol{\beta}||^2}{2\sigma^2}\} \\
&= n\ln\sigma^{-1} - \frac{n}{2}\ln(2\pi) - \frac{1}{2\sigma^2}||\mathbf{Y}-\mathbf{X}\boldsymbol{\beta}||^2
\end{aligned} \tag{3.35}
$$

这样极大化似然函数 (3.34) 就等于极大化对数似然函数 (3.35)，而极大化对数似然函数 (3.35) 就等价于极小化 (3.35) 中的二次项 $||\mathbf{Y}-\mathbf{X}\beta||^2$. 此时可以明显地看到这与用最小二乘来估计 $\boldsymbol{\beta}$ 的二次规划问题 (3.33) 是等价的.

单纯的极大似然估计同最小二乘估计一样总会使模型过于复杂而容易造成过拟合. 而用交叉验证的方法虽然能用来简化模型复杂度，防止过拟合，但这涉及额外的数据或者要把数据分为训练集和测试集，这就造成了一定程度上数据的浪费，不能利用全部数据信息，因此我们引出具有抗过拟合和数据自适应能力的贝叶斯线性模型.

3.4.2 贝叶斯线性模型与岭回归

以贝叶斯的观点，我们视参数 $\boldsymbol{\beta}$ 为随机变量，其具有概率意义，因此我们将首先引入多元线性模型 (3.32) 中参数 $\boldsymbol{\beta}$ 的一个先验分布 $\pi(\boldsymbol{\beta})$. 由于在 (3.34) 中我们已经知道似然函数是 $\boldsymbol{\beta}$ 的指数二次型，因此我们首先考虑特殊的情况选取共轭先验分布为均值为 0、协方差为 $\tau^2\boldsymbol{I}_p$ 的高斯分布，即

$$
\pi(\boldsymbol{\beta}) = N(0,\tau^2 I_p) \tag{3.36}
$$

并且由贝叶斯公式，我们知道

$$
p(\mathbf{Y}|\boldsymbol{\beta})\pi(\boldsymbol{\beta}) = \pi(\boldsymbol{\beta}|\mathbf{Y})\pi(\mathbf{Y}) \tag{3.37}
$$

其中

$$
\pi(\mathbf{Y}) = \int p(\mathbf{Y}|\boldsymbol{\beta})\pi(\boldsymbol{\beta})\mathrm{d}\boldsymbol{\beta} \tag{3.38}
$$

且 $\pi(\mathbf{Y})$ 与 $\boldsymbol{\beta}$ 无关，$\pi(\boldsymbol{\beta}|\mathbf{Y})$ 为参数 $\boldsymbol{\beta}$ 的后验分布. 因此，

$$
\pi(\boldsymbol{\beta}|\mathbf{Y}) = \frac{p(\mathbf{Y}|\boldsymbol{\beta})\pi(\boldsymbol{\beta})}{\int p(\mathbf{Y}|\boldsymbol{\beta})\pi(\boldsymbol{\beta})\mathrm{d}\boldsymbol{\beta}} \tag{3.39}
$$

或者说

$$\pi(\boldsymbol{\beta}|\mathbf{Y})\propto p(\mathbf{Y}|\boldsymbol{\beta})\pi(\boldsymbol{\beta}) \tag{3.40}$$

注 1 后验分布可看成用总体分布类型信息和样本信息对先验分布作调整的结果.

注 2 $\pi(\mathbf{Y})$ 相当于归一化因子，非精确计算时可以略去.

此时有了先验分布 $\pi(\boldsymbol{\beta})$ 及似然函数 $p(\mathbf{Y}|\boldsymbol{\beta})$，并且由 (3.40) 知后验分布正比于似然函数与先验分布的乘积，因此我们可计算 $\boldsymbol{\beta}$ 的后验分布 $\pi(\boldsymbol{\beta}|\mathbf{Y})$. 首先，由 $\mathbf{Y}\sim N(\mathbf{X}\boldsymbol{\beta},\sigma^2 I_n)$ 及 $\boldsymbol{\beta}\sim N(0,\tau^2 I_p)$ ，则似然函数与先验分布的乘积为

$$\begin{aligned}p(\mathbf{Y}|\boldsymbol{\beta})\pi(\boldsymbol{\beta})&=\left\{\prod_{i=1}^{n}p(Y_i|x_i,\boldsymbol{\beta})\right\}\pi(\boldsymbol{\beta})\\&=\left(\frac{1}{\sqrt{2\pi}\sigma}\right)^{n}\exp-\frac{||\mathbf{Y}-\mathbf{X}\boldsymbol{\beta}||^2}{2\sigma^2}\left(\frac{1}{\sqrt{2\pi}\tau}\right)^{p+1}\exp-\frac{||\boldsymbol{\beta}||^2}{2\tau^2}\end{aligned} \tag{3.41}$$

上式两边取自然对数可得

$$\ln\{p(\mathbf{Y}|\boldsymbol{\beta})\pi(\boldsymbol{\beta})\}=n\ln(\sqrt{2\pi}\sigma)^{-1}+(p+1)\ln(\sqrt{2\pi}\tau)^{-1}-\frac{1}{2\sigma^2}||\mathbf{Y}-\mathbf{X}\boldsymbol{\beta}||^2-\frac{1}{2\tau^2}||\boldsymbol{\beta}||^2$$

则通过极大后验估计参数 $\boldsymbol{\beta}$ 时，极大化后验分布 $\pi(\boldsymbol{\beta}|Y)$ 等价于极大化 $\ln\{p(\mathbf{Y}|\boldsymbol{\beta})\pi(\boldsymbol{\beta})\}$, 因此又等价于极小化下式

$$\frac{1}{2\sigma^2}||\mathbf{Y}-\mathbf{X}\boldsymbol{\beta}||^2+\frac{1}{2\tau^2}||\boldsymbol{\beta}||^2$$

参数 β 的极大后验估计 $\hat{\beta}_{MAP}$ 即满足

$$\begin{aligned}\hat{\beta}_{MAP}&=\arg\max_{\boldsymbol{\beta}}\pi(\boldsymbol{\beta})|\mathbf{Y}\\&=\arg\max_{\boldsymbol{\beta}}\ln\{p(\mathbf{Y}|\boldsymbol{\beta})\pi(\boldsymbol{\beta})\}\\&=\arg\min_{\boldsymbol{\beta}}\{\frac{1}{2\sigma^2}||\mathbf{Y}-\mathbf{X}\beta||^2+\frac{1}{2\tau^2}||\beta||^2\}\end{aligned} \tag{3.42}$$

此时令 $\lambda=\frac{\sigma^2}{\tau^2}$，则 (3.42) 式最后的结果又可写为

$$\hat{\boldsymbol{\beta}}_{MAP}=\arg\min_{\boldsymbol{\beta}}\{||\mathbf{Y}-\mathbf{X}\boldsymbol{\beta}||^2+\lambda||\boldsymbol{\beta}||^2\} \tag{3.43}$$

注 3 (3.43) 式相当于给平方和误差函数加上一个 $\mathcal{L}_2$ 范数的正则化项，正则化系数为 $\lambda=\frac{\sigma^2}{\tau^2}$，可看出 λ 由先验分布的方差控制，也可以说给参数 β 加先验估

计相当于加正则化项. 给参数 β 的先验分布相当于利用先验信息提前对 β 做约束，这与正则化的意义也是一样的，可以有效地防止过拟合. 并且注意到由于 $\lambda = \dfrac{\sigma^2}{\tau^2}$，因此先验的方差越小时 λ 越大，惩罚力度越大，限制越大，当先验方差越大时 λ 越小，惩罚越小，限制越小，当先验方差趋于正无穷时，λ 趋于 0，这时候相当于没有任何先验信息，当然也就没有任何限制，这就回到了极大似然或最小二乘的结果.

事实上 (3.43) 式等价于岭回归的结果，由于注意到为了计算 $\hat{\boldsymbol{\beta}}_{MAP}$，同最小二乘估计中通过求偏导解出 $\hat{\boldsymbol{\beta}}$ 一样，我们首先对 (3.43) 式的右边展开得

$$||\mathbf{Y} - \mathbf{X}\boldsymbol{\beta}||^2 + \lambda||\boldsymbol{\beta}||^2 = \mathbf{Y}'\mathbf{Y} - 2\boldsymbol{\beta}'\mathbf{X}'\mathbf{Y} + \boldsymbol{\beta}'\mathbf{X}'\mathbf{X}\boldsymbol{\beta} + \lambda\boldsymbol{\beta}'\boldsymbol{\beta}$$

然后对上式关于 β 求偏导并令偏导等于 0 可得

$$-\mathbf{X}'\mathbf{Y} + \mathbf{X}'\mathbf{X}\boldsymbol{\beta} + \lambda\boldsymbol{\beta} = 0$$

最后得到 $\hat{\boldsymbol{\beta}}_{MAP}$，即

$$\hat{\boldsymbol{\beta}}_{MAP} = (\mathbf{X}'\mathbf{X} + \lambda I)^{-1}\mathbf{X}'\mathbf{Y} \tag{3.44}$$

这与岭回归是一致的. 同样，当参数的先验分布为拉普拉斯分布，贝叶斯线性模型和 lasso 等价.

3.4.3　贝叶斯线性模型学习过程

现在我们考虑更一般的共轭高斯先验分布 $\pi(\boldsymbol{\beta})$，其均值为 $\boldsymbol{\mu}$，方差为 $\boldsymbol{\Sigma}$，即

$$\pi(\boldsymbol{\beta}) = N(\boldsymbol{\mu}, \boldsymbol{\Sigma}) \tag{3.45}$$

那么正如前面的讨论，后验分布正比于似然函数和先验分布的乘积，它们之间的关系已经由 (3.37)、(3.38) 和 (3.39) 式给出，由于我们选取的共轭先验分布为高斯分布，因此后验分布也为高斯分布. 我们这里设参数 $\boldsymbol{\beta}$ 后验分布 $\pi(\boldsymbol{\beta}|Y)$ 为 $N(\boldsymbol{\mu}_1, \boldsymbol{\Sigma}_1)$.

为了计算后验分布，我们省略繁琐的计算过程，直接给出结果：

$\mathbf{x}$ 为 M 维，$\mathbf{y}$ 为 D 维，给定 $\mathbf{x}$ 的一个高斯分布 $p(\mathbf{x})$ 和在给定 $\mathbf{x}$ 的条件下 $\mathbf{y}$ 的条件高斯分布 $p(\mathbf{y}|\mathbf{x})$，它们的具体形式为

$$p(\mathbf{x}) = N(\mathbf{m}, \boldsymbol{\Lambda}^{-1}) \tag{3.46}$$

$$p(\mathbf{y}|\mathbf{x}) = N(\mathbf{A}\mathbf{x} + \mathbf{b}, \boldsymbol{L}^{-1}) \tag{3.47}$$

其中 $\mathbf{m}$，$\mathbf{A}$ 和 $\mathbf{b}$ 为控制均值的参数，$\boldsymbol{\Lambda}$ 和 $\boldsymbol{L}$ 是精度矩阵. 那么 $\mathbf{y}$ 的分布 $p(\mathbf{y})$ 和给定 $\mathbf{y}$ 的条件下 $\mathbf{x}$ 的分布 $p(\mathbf{x}|\mathbf{y})$ 为

$$\begin{aligned} p(\mathbf{y}) &= \int p(\mathbf{x})p(\mathbf{y}|\mathbf{x})\mathrm{d}\mathbf{x} \\ &= N(\mathbf{Am}+\mathbf{b}, \boldsymbol{L}^{-1}+\mathbf{A}\boldsymbol{\Lambda}^{-1}\mathbf{A}') \end{aligned} \tag{3.48}$$

$$p(\mathbf{x}|\mathbf{y}) = N(\mathbf{S}(\mathbf{A}'\boldsymbol{L}(\mathbf{y}-\mathbf{b})+\boldsymbol{\Lambda}\mathbf{m}), \mathbf{S}) \tag{3.49}$$

其中

$$\mathbf{S} = (\boldsymbol{\Lambda}+\mathbf{A}'\boldsymbol{L}\mathbf{A})^{-1} \tag{3.50}$$

现在我们有了先验分布 $\pi(\boldsymbol{\beta})$ 和高斯似然 $p(\mathbf{Y}|\boldsymbol{\beta})$，其中高斯似然为

$$N(\mathbf{X}\boldsymbol{\beta}, \sigma^2 I_n)$$

相较于上述结果，先验分布 $\pi(\boldsymbol{\beta})$ 对应于 $p(\mathbf{x})$，高斯似然 $p(\mathbf{Y}|\boldsymbol{\beta})$ 对应于 $p(\mathbf{y}|\mathbf{x})$，那么 $p(\mathbf{x}|\mathbf{y})$ 就相当于我们要求的后验分布 $\pi(\boldsymbol{\beta}|\mathbf{Y})$，利用上述结果可得

$$\pi(\boldsymbol{\beta}|\mathbf{Y}) = N(\boldsymbol{\mu}_1, \boldsymbol{\Sigma}_1) \tag{3.51}$$

其中

$$\boldsymbol{\mu}_1 = \boldsymbol{\Sigma}_1(\sigma^2\mathbf{X}'\mathbf{Y}+\boldsymbol{\Sigma}^{-1}\boldsymbol{\mu}) \tag{3.52}$$

$$\boldsymbol{\Sigma}_1 = (\boldsymbol{\Sigma}^{-1}+\sigma^{-2}\mathbf{X}'\mathbf{X}) \tag{3.53}$$

如果我们同样将先验分布设定为先前特殊的先验分布 (3.36)，那么我们利用上述方法计算后验分布然后极大化后验分布也可以得到 (3.43) 的结果.

根据前面的讨论，线性模型中，如果有了高斯似然和参数 $\boldsymbol{\beta}$ 的共轭高斯先验分布，那我们就可计算参数 $\boldsymbol{\beta}$ 的后验分布，下面我们就据此来说明贝叶斯线性模型中更新 $\boldsymbol{\beta}$ 的后验分布的过程.

如果我们能依次得到数据点 $\{x_1, x_2, \cdots, x_m, \cdots\}$，数据点集记为

$$D_n = \{X_1, X_2, \cdots, X_n\}$$

D_0 表示没有数据点，那么现在在线性模型中，$p(\boldsymbol{\beta}|D_0)$ 就表示我们刚开始给的先验分布 $\pi(\boldsymbol{\beta})$. 当观测到了第一个数据点 X_1，那么我们可以得到一个似然函数 $p(X_1|\boldsymbol{\beta})$, 现在根据前面讨论的后验分布计算我们便可以来计算后验 $\pi(\boldsymbol{\beta}|D_1)$. 下一

步，如果我们又观测到了第二个数据点 X_2，那么我们就视前一次得到的后验分布 $\pi(\boldsymbol{\beta}|D_1)$ 为这一次的先验分布，再与现在的似然 $p(X_2|\boldsymbol{\beta})$ 相结合，我们又能得到观测到第二个数据点之后的后验分布 $\pi(\boldsymbol{\beta}|D_2)$，这样就完成了一次后验分布的更新. 如果之后继续观测到数据点，那么就可以同样地继续更新后验分布. 根据 (3.40) 式中后验分布、先验分布和似然函数的关系，将上述过程用如下式子描述，即

$$\pi(\boldsymbol{\beta}|D_n)\propto p(X_n|\boldsymbol{\beta})\pi(\boldsymbol{\beta}|D_{n-1}), \qquad n\geqslant 1 \tag{3.54}$$

下面我们用一个简单的例子来说明贝叶斯线性模型更新后验分布的过程. 这个例子源于 Bishop 的*Pattern Recognition and Machine Learning*第 3.3 节，是一个简单的直线拟合例子，我们利用 MATLAB 平台上的 "pmtk3" 工具包重现了这个例子的整个贝叶斯后验更新过程. 这里我们考虑最简单的线性模型

$$y = \beta_0 + \beta_1 x \tag{3.55}$$

这个模型只有单一的输入变量和目标值，并且只有两个参数 β_0 和 β_1，因此我们可以方便地画出数据点图和参数的分布等高线图. 我们现在选取一个确定的线性函数，具有形式：

$$y = a_0 + a_1 x \tag{3.56}$$

其中 a_0 等于 -0.1，a_1 等于 0.6. 我们首先利用均匀分布 $U(x|-1,1)$ 及 (3.56) 式生成一组数据点，具体为首先从均匀分布 $U(x|-1,1)$ 中抽取 x_i，接下来利用 (3.56) 并且在 $a_0 + a_1 x$ 后加上一个高斯噪声得到 y_i，这个高斯噪声的标准差为 0.2，这样我们就可以得到由确定线性函数 (3.56) 生成的一组观测数据. 我们的目的是根据这些观测数据来利用线性模型 (3.55) 对这些观测数据进行线性拟合，即让 β_0 和 β_1 逐渐接近于真实的数据点参数值 a_0 和 a_1. 然后同样地，我们设置线性模型的噪声标准差为它的真实值 0.2，并且设置参数 $\boldsymbol{\beta} = (\beta_0, \beta_1)'$ 的先验分布为 $N(0, 0.5I)$. 由于这里采用的线性模型是简单的直线模型，不需要太多的观测数据点即可获得较为好的拟合效果，因此我们选择生成 10 个观测数据点来说明贝叶斯后验更新过程. 利用上面说的过程步骤，我们可得到直观展示贝叶斯后验更新过程的图 3.4.

图 3.4 中的第一行是初始状态，这个时候没有任何观测数据点，因此这个时候没有样本的似然函数，此时只有参数 (β_0, β_1) 的先验信息，即第一行位于中间的图所示的先验分布 $N(0, 0.5I)$，这对应着 (3.54) 中当 $n = 0$ 时 $p(\boldsymbol{\beta}|D_0)$ 的情况. 我们从先验分布 $N(0, 0.5I)$ 中抽取六个样本参数值，然后根据 (3.55) 中的线性关系就可画出六个关于 x 和 y 的样本直线. 这些直线是随机的、杂乱无章的.

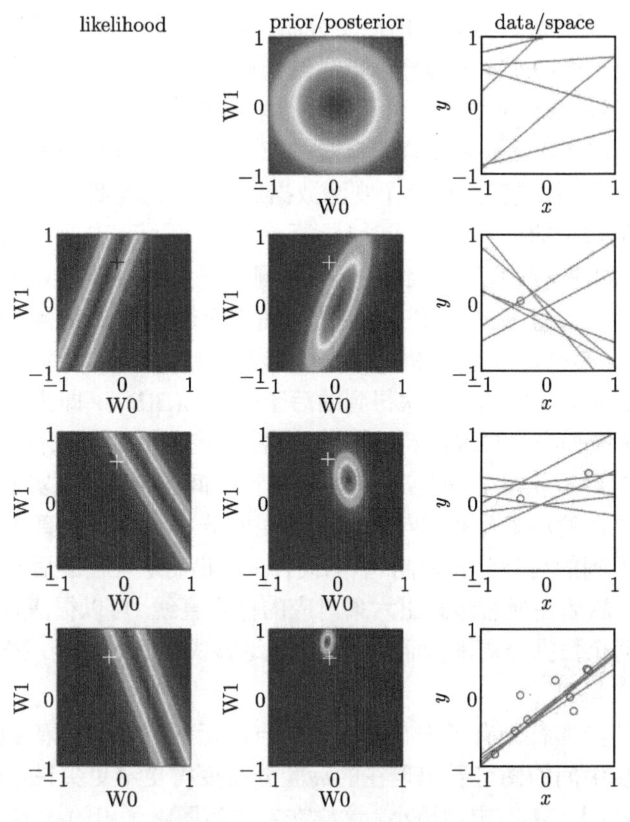

图 3.4 贝叶斯学习过程，以线性模型 (3.55) 为例

图 3.4 中的第二行表示观测到了一个数据点 x_1 时的情况，这个数据点就是第二行最右边的图中的最外层圆圈. 此时，我们有了关于第一个数据点的似然函数 $p(X_1|\boldsymbol{\beta})$, 正如第二行最左边的图所示. 注意到这个时候似然函数的轮廓线是长条型的，这是因为当有了一个观测数据点之后，由于 x 和 y 具有大致关系

$$y_1 = \beta_0 + \beta_1 x_1 \tag{3.57}$$

因此可得到

$$\beta_1 = -\frac{1}{x_1}\beta_0 + \frac{y_1}{x_1} \tag{3.58}$$

显然 β_0 和 β_1 有大致的线性关系，也就是说这个似然函数给出了参数 (β_0, β_1) 的一个以直线 (3.58) 为中心的限制区域，限制的范围由高斯噪声的标准差 0.2 决定. 显然在这样限制之后，参数 (β_0, β_1) 给出的样本直线一定会经过已有的观测数据点周围. 这些图中的十字架表示观测数据点的真实参数值 (a_0, a_1). 第二行中间的图表

示当得到第一个观测数据点之后的后验分布，它由第一行中间图所示的先验分布和第二行左边第一个图所示的似然函数相结合得到，这个后验分布即对应于 (3.54) 中的 $p(\boldsymbol{\beta}|D_1)$. 然后我们从这个后验分布中抽取六个样本参数值，同样地在第二行最右边的图中画出了对应的六条样本直线. 注意到这些直线已经不像第一行右边图中那样的杂乱无章，而是都经过这个观测数据点附近，这与我们关于似然函数对参数的限制解释是相符的.

图 3.4 中的第三行表示又得到了一个观测数据点 x_2，即总共有两个观测数据点时的情况. 与第二行一样，第三行左边的图表示新得到的观测数据点的似然函数，即 $p(X_1|\boldsymbol{\beta})$，第三行右边的图中两个圆圈表示现有的两个数据点，正如之前讨论的后验更新过程，我们把上一次得到的后验分布 $p(\boldsymbol{\beta}|D_1)$（即为第二行中间图所示）当作新的先验分布并与现在新的观测数据点的似然（即第三行左边图所示）结合就可得到新的后验分布 $p(\boldsymbol{\beta}|D_2)$，正如第三行中间图所示. 事实上，由之前的讨论也可看出，现在的后验分布也与最开始的先验分布 $p(\boldsymbol{\beta}|D_0)$ 直接结合两个数据点的似然函数得到的后验分布相同. 然后同样的，我们从现在的后验分布中抽取留个样本参数值，然后在最右边画出六条对应的样本直线. 可以很清楚地看到，每条直线都需经过两个数据点周围，而两个点已经足够决定一条直线，因此六条直线都具有大致的方向趋势.

图 3.4 中的第四行是有了十个观测数据点之后的情形，每幅图的含义与之前的描述一样. 从中间的图可看出现在的后验分布变得更窄更尖锐，这意味着参数 (β_0, β_1) 的限制更大，不确定性更小，这样在右边的图中画出的样本直线也更接近，更确定. 除此之外，通过对每一次后验分布的观察可以看到后验分布越来越尖锐地集中于参数的真实值附近.

以上就是贝叶斯线性模型后验更新的过程，这也被称为贝叶斯学习的过程，通过不断结合新的数据点来进行自我调整，最后得到一个比较好的模型，这与人的学习过程也是一致的. 从以上的讨论可看出贝叶斯线性模型具有天然抗过拟合和对数据自适应的优良性质.

3.4.4　预测分布

在上述讨论中，我们获得了一个数据集上参数 $\boldsymbol{\beta}$ 的后验分布，其实我们的最终目的应该是根据在数据集（即训练集）上得到的后验分布来对新的输入 $\mathbf{x}_*$ 做预测，预测结果为 $\mathbf{y}_*$，那么 $\mathbf{y}_*$ 的预测分布可写为

$$\begin{aligned} p(\mathbf{y}_*|\mathbf{X}, \mathbf{Y}, \mathbf{x}_*) &= \int p(\mathbf{y}_*, \boldsymbol{\beta}|\mathbf{X}, \mathbf{Y}, \mathbf{x}_*)\mathrm{d}\boldsymbol{\beta} \\ &= \int p(\mathbf{y}_*|\mathbf{x}_*\boldsymbol{\beta})p(\boldsymbol{\beta}|\mathbf{X}, \mathbf{Y})\mathrm{d}\boldsymbol{\beta} \end{aligned} \tag{3.59}$$

其中 $p(\boldsymbol{\beta}|\mathbf{X},\mathbf{Y})$ 即为训练集上参数 $\boldsymbol{\beta}$ 的后验分布，而 $p(\mathbf{y}_*|\mathbf{x}_*\boldsymbol{\beta})$ 为 $\mathbf{y}_*$ 的条件概率分布，即为 $N(\mathbf{x}_*\boldsymbol{\beta},\sigma^2 I_n)$. 这样我们根据前面给出的 Bishop 的结果，我们便可得到预测分布 $p(\mathbf{y}_*|\mathbf{X},\mathbf{Y},\mathbf{x}_*)$. 具体来说，$p(\boldsymbol{\beta}|\mathbf{X},\mathbf{Y})$ 对应于 (3.46) 式中的 $p(\mathbf{x})$，$p(\mathbf{y}_*|\mathbf{x}_*\boldsymbol{\beta})$ 对应于 (3.47) 式中的 $p(\mathbf{y}|\mathbf{x})$，所需求的预测分布 $p(\mathbf{y}_*|\mathbf{X},\mathbf{Y},\mathbf{x}_*)$ 就对应于 (3.48) 式的 $p(\mathbf{y})$，这样根据 (3.48) 式，预测分布为

$$p(\mathbf{y}_*|\mathbf{X},\mathbf{Y},\mathbf{x}_*) = N(\mathbf{x}_*\boldsymbol{\mu}_1, \sigma^{-2}I + \mathbf{x}_*\boldsymbol{\Sigma}_1\mathbf{x}_*') \tag{3.60}$$

可看出上式预测分布的方差由数据噪声和参数 $\boldsymbol{\beta}$ 的不确定性共同作用得到，σ^{-2} 为噪声精度，$\boldsymbol{\Sigma}_1$ 是参数 $\boldsymbol{\beta}$ 后验分布的方差. 这从直观上是可以解释的，并且可由前面的讨论看出这是由于噪声和参数的分布设定是相互独立的两个高斯分布. 当数据点越来越多时，参数 $\boldsymbol{\beta}$ 的不确定性越来越小，预测分布的方差变得趋于只有数据噪声控制.

得到了 $\mathbf{y}_*$ 的预测分布，那么我们可用 $\mathbf{y}_*$ 的期望做预测，即

$$\begin{aligned} E(\mathbf{y}_*|\mathbf{X},\mathbf{Y},\mathbf{x}_*) &= \int \mathbf{y}_* p(\mathbf{y}_*|\mathbf{X},\mathbf{Y},\mathbf{x}_*) \\ &= \mathbf{x}_*\boldsymbol{\mu}_1 \end{aligned} \tag{3.61}$$

第 4 章　ℓ_1 正则化逻辑回归的随机坐标下降算法

4.1 引　　言

逻辑回归 [1] 是一种经典的具有良好统计性质以及解释性的二分类模型. 从提出至今已经在各个领域中解决了许多重要的二分类问题，比如通过 CTR(click through rate) 预测用户是否会点击广告 [2]，垃圾邮件的识别 [3]，信用评分 [4] 等.

对于高维问题，传统的模型常常会出现过拟合的情况. 过拟合是指模型在训练集上的表现很好但预测能力很差，此时模型的偏差较低但方差较高. 而在机器学习中我们的目的通常是进行预测，因此如何避免过拟合是一个重要的问题. 导致过拟合的主要原因是模型使用了训练集中不那么重要的信息，比如噪声或不重要的特征. 为了得到一个鲁棒性较好的模型，我们希望用一小部分对结果有最强影响的特征来定义模型.

向前、向后逐步回归法是传统的选择变量的方法，该方法离散并且贪婪的选取或移除变量从而赋予了模型更大的方差. 而正则化方法则通过连续的以及更温和的方式来选取变量. 正则化方法也称为收缩方法，顾名思义该方法的本质是将模型认为不那么重要的变量的权重进行收缩使得模型能够在降低偏差的同时也降低方差. ℓ_2 范数以及 ℓ_1 范数是最常用的正则化项，ℓ_2 范数具有收缩系数的作用，但不能将系数压缩为零，而 ℓ_1 范数不仅能够收缩系数还能够通过软门限将系数收缩为零以达到筛选变量的目的. 在模型中加入混合范数也是一种常用的正则化方法，弹性网络模型 [5] 通过加入 ℓ_1 范数以及 ℓ_2 范数使模型能够按组筛选特征. 加入其他类型范数的正则化模型也能达到不同的收缩效果 [6, 7, 8, 9].

在逻辑回归中加入 ℓ_1 范数正则化项被称为 ℓ_1 范数正则化逻辑回归 [10]，该方法通过 ℓ_1 范数产生稀疏的模型从而能够有效地避免过拟合. 设 $\{x_i, y_i\}$ $i = 1,2,3,\cdots,N$ 为 N 对观测值，$x_i \in \mathbb{R}^p$ 为自变量，$y_i \in \{0,1\}$ 为二分类的因变量，$w_0 \in \mathbb{R}, \mathbf{w} \in \mathbb{R}^p$ 分别为需估计的截距项及系数. 设 x_{ij} 是标准化的，即满足 $\sum_{i=1}^{N} x_{ij} = 1$，$\ell_1$ 范数正则化逻辑回归解决的是优化问题 (4.1).

$$\min_{\mathbf{w}} l(\mathbf{w}) + \lambda\|\mathbf{w}\|_1, \qquad \mathbf{w} \in \mathbb{R}^n$$

$$l(\mathbf{w}) = \sum_{i=1}^{N}[\ln(1+\exp^{w_0+x_i^{\mathrm{T}}\mathbf{w}}) - y_i(w_0 + x_i^{\mathrm{T}}\mathbf{w})] \tag{4.1}$$

其中 $l(\mathbf{w})$ 为逻辑回归的损失函数. ℓ_1 范数不可导的性质使问题的求解难度大大提升. lasso 是一种更简单的 ℓ_1 范数正则化方法 [11]，同样的，由于 ℓ_1 范数的非光滑性，lasso 被提出后并没有立刻被广泛应用，直到 LARS[12] 的提出. LARS 的主要思想是通过在问题的一条分段线性解路径上找到模型认为足够重要的特征. 后续，Friedman 等人利用了单变量 lasso 有解析解的性质 [13] 提出了通过坐标下降法 (coordinate descent, CD)[14] 对 lasso 进行求解，该算法每次只更新一个坐标而固定其余坐标，本质上是通过解决一系列简单的子问题代替直接解决原问题. 较 LARS 而言，CD 的复杂度大大降低. 但逻辑回归的损失函数更加复杂，单变量的 ℓ_1 范数正则化逻辑回归仍没有解析解，因此不能通过 CD 直接求解.

现已有许多学者提出了解决 ℓ_1 范数逻辑回归的方法 [15, 16, 17, 18]. 这其中，得益于算法的高效性，GLMNET[19] 是现在最广为使用的解决广义线性模型正则化问题的方法. 对于 ℓ_1 范数正则化逻辑回归，GLMNET 的主要思想是将牛顿法的迭代过程转化为一个加权 lasso 优化问题，通过 CD 求解得到迭代值形以成一个内循环层，每完成一个内循环更新一次参数从而更新外循环层的目标函数，两个循环层交替进行直到整个算法收敛. 遗憾的是，作者在文章中也提到 GLMNET 并不能在理论上保证算法的收敛性，在实际应用时也确实发现该算法在一些情况下会失效 [20]. 因此，我们的目的是构建出一个高效且收敛的算法解决 ℓ_1 范数正则化逻辑回归.

实际上，ℓ_1 范数正则化逻辑回归问题解决的是一个非光滑凸的优化问题 (4.2). 关于凸优化的基础知识请读者参考附录 A.

$$\min_{\mathbf{w}} f(\mathbf{w}) := l(\mathbf{w}) + \lambda h(\mathbf{w}), \quad \mathbf{w} \in \mathbb{R}^n \tag{4.2}$$

$$h(\mathbf{w}) = \sum_{i=1}^{N} h(w_i) \tag{4.3}$$

其中 $l(\mathbf{w})$ 是光滑凸的损失函数，$h(\mathbf{w})$ 是可分的非光滑凸的正则化项，λ 是正则化参数用来平衡损失项以及正则化项. 对于这类问题，在统计上已经有了许多成熟的解决方案. 注意到，在迭代过程中将原问题转化为 lasso 问题以得到一个闭式的更新过程是使得 GLMNET 高效的关键. 为了沿用这一思想，我们选取了两种近似优化方法应用到 ℓ_1 范数正则化逻辑回归上. 坐标梯度下降法 (CGD)[21] 通过 CD 优化原问题 (4.2) 的二阶逼近找到更新方向，再根据 ARMIJO 准则找到步长使得每一次更新的函数值都下降足够多. 与 GLMNET 的不同之处在于该算法通过找到下降步长保证了算法的收敛性，但这点也大大增加了计算代价. 块持续上界坐标极小化算法 (BSUM)[22] 实际上优化的是原问题 (4.2) 的紧上界问题，通过选取合适的上界函数可以我们可以将原问题转换为更适合求解的形式.

随着获取数据的能力的提升，在实际应用中我们面对的常常是大规模并且病态的数据. 在大规模问题中，上述提到的方法均采用了按顺序更新的坐标下降法，它们在大规模问题上通常表现得不尽人意. 在大规模问题中，分布式计算是一种提升计算效率的重要的方法，由于其选取坐标的方式，随机坐标下降法对分布式数据具有天然的优势. 其次，随机坐标下降法也适用于稳定的数据上. Powell 提出了一个具有多个解的非凸优化问题的例子 [23, 24]，在迭代过程中，基于坐标下降法求解的估计值总在一个固定的序列中循环而无法收敛；而基于随机坐标下降法求解的估计值却可以在几步之内收敛至最优点. 在这个例子中，随机坐标下降算法通过其随机性跳出了循环的迭代值，从而达到收敛. 进一步的，Nesterov 提出了加速随机坐标下降法 (ACDM) 解决大规模无约束凸问题 [25]，该方法的收敛速率在期望意义下被加速到 $0\left(\dfrac{1}{k^2}\right)$，其中 k 为迭代下标. 由于期望收敛速率的提升，加速随机算法在一些情况下的表现优于随机算法. 但作者也在文章中提到，加速随机算法每一步都需要更新较多的参数以及计算多维变量，导致计算代价变高因此在某些情况下的表现不如随机算法，可见这两种算法在一定程度上是互补的.

受此启发，我们提出随机坐标持续上界极小化算法 (RCSUM) 以解决问题 (4.2)，该方法可以看作 BSUM 的随机版本. 我们在理论上证明了 RCSUM 按线性速率收敛. 由于问题 (4.1) 为问题 (4.2) 的一个特例，因此本书分别采用随机算法 RCSUM 以及随机加速算法加速邻近坐标下降法 (APCG)[26] 求解 ℓ_1 正则化逻辑回归问题. 实验表明，随机算法在病态数据上表现最好.

4.2 RCSUM 算法及其在 ℓ_1 正则化逻辑回归上的应用

4.2.1 问题描述及假设

定义 $u(\mathbf{w})$ 为原问题 (4.2) 中光滑项的上界函数，此时我们考虑一个新问题

$$\min_{\mathbf{w}} u(\mathbf{w}) + \lambda h(\mathbf{w}), \qquad \mathbf{w} \in \mathbb{R}^n \tag{4.4}$$

我们将优化原问题 (4.2) 转化为优化上界问题 (4.4)，为了保证有效性上界函数 $u(\cdot)$ 需满足以下两个假设 [22, 24].

假设一

(a) 原问题 (4.2) 为凸函数，并且它的全局最小值点可达.

(b) $l(\cdot)$ 的梯度是坐标 Lipschitz 连续的

$$|[\nabla l(\mathbf{w} + te_i)]_i - [\nabla l(\mathbf{w})]_i| \leqslant L_i|t|$$

其中 L_i 是 Lipschitz 常数，定义 $L_{\max} = \max_i L_i$，$l(\cdot)$ 的梯度也是一致 Lipschitz 连续的.

$$\|\nabla l(\mathbf{w}+d)-\nabla l(\mathbf{w})\| \leqslant L|d|$$

其中 $L>0$ 是 Lipschitz 常数.

(c) 令 $\mathbf{W}^*$ 为最优解集，$\mathbf{w}^* \in \mathbf{W}^*$ 为最优解集合中的一个最优解. 此时存在一个有限集合 R 使得由 $\mathbf{w}_0$ 定义的 f 是有界的，即满足以下关系

$$R := \max_{\mathbf{w}\in\mathbf{W}} \max_{\mathbf{w}^*\in\mathbf{W}^*} \{\|\mathbf{w}-\mathbf{w}^*\| : f(\mathbf{w}) - f(\mathbf{w}_0)\}$$

假设二

(a) $u_i(w_i;\mathbf{w}) = f(\mathbf{w}), \quad \forall \mathbf{w} \in \mathbf{W}, \forall i.$

(b) $u_i(v_i;\mathbf{w}) \geqslant f(v_i;\mathbf{w}_{-i}), \quad \forall v_k \in \mathbf{W}_k, \forall \mathbf{w} \in \mathbf{W}, \forall i.$

(c) $\nabla u_i(w_i;\mathbf{w}) = \nabla_i f(\mathbf{w}) \quad \forall \mathbf{w} \in \mathbf{W}, \forall i.$

(d) $u_k(v_k;\mathbf{w})$ 关于 v_k 以及 $\mathbf{w}$ 连续. 并且对于任意 $\mathbf{w}$，该函数关于 v_i 强凸.

$$u_i(v_i;\mathbf{w}) \geqslant u_i(\hat{v}_i;\mathbf{w}) + < \nabla u_i(\hat{v}_i;\mathbf{w}), v_i - \hat{v}_i > + \frac{\sigma_i}{2}\|v_i - \hat{v}_i\|, \forall \hat{v}_i, v_i \in \mathbf{W}, \forall \mathbf{w} \in \mathbf{W}.$$

其中 $\sigma_i > 0$ 的选择与 $\mathbf{w}$ 无关.

(e) 对于任意给定 $\mathbf{w}$，$u_i(v_i;\mathbf{w})$ 关于 v_i 的梯度是 Lipschitz 连续的，即

$$\|\nabla u_i(v_i;\mathbf{w}) - \nabla u_i(\hat{v}_i;\mathbf{w})\| \leqslant L_i\|v_i - \hat{v}_i\|, \quad \forall \hat{v}_i, v_i \in \mathbf{W}$$

其中 $L_i > 0$ 为常数. 还有以下不等式

$$\|\nabla u_i(v_i;\mathbf{w}) - \nabla u_i(v_i;\hat{\mathbf{w}})\| \leqslant G_i\|\mathbf{w} - \hat{\mathbf{w}}\|, \quad \forall \mathbf{w}, \hat{\mathbf{w}} \in \mathbf{W}$$

定义 $L_{\max} := \max_i L_i$; $G_{\max} := \max_i G_i$.

RBSUM 通过优化问题 (4.4) 得到目标函数 (4.2) 的最优解，此时第 i 块变量的更新方式如下：

$$w_i^{k+1} \in \arg\min_{w_i} u_i(w_i; w_1^{k+1}, \cdots, w_{i-1}^{k+1}, w_i^k, \cdots, w_n^k) + \lambda h_i(w_i) \tag{4.5}$$

其中 $u_i(\cdot; w_1^{k+1}, \cdots, w_{i-1}^{k+1}, w_i^k, \cdots, w_n^k)$ 为 $g(w_1^{k+1}, \cdots, w_{i-1}^{k+1}, w_i^k, \cdots, w_n^k)$ 在一次迭代 (即一维坐标) 中的一个上界函数.

4.2.2 RCSUM 算法

本章中的算法都按坐标进行更新，因此为了便于区分，本书将 BSUM 算法称为 CSUM 算法. 在本节中，我们提出了一种 CSUM 算法的随机版本以解决问题 (4.2)，基于假设一以及假设二，我们还将证明该算法的收敛性以及给出收敛速率. 为了清晰的表述算法及定理的证明，我们首先定义一些辅助变量

$$\omega_i^{k+1} = [w_1^k, w_2^k, \cdots, w_{i-1}^k, w_i^{k+1}, w_{i+1}^k, \cdots, w_n^k]$$

$$\omega_i^k = [w_1^k, w_2^k, \cdots, w_{i-1}^k, w_i^k, w_{i+1}^k, \cdots, w_n^k]$$

其中 w_i^{k+1} 为 $\mathbf{w}$ 随机选取的第 i 个变量在 $k+1$ 次迭代中被更新其余坐标值不变，为了方便标记定义 $\mathbf{w}^k := \omega_i^k$.

运行随机坐标下降算法时有两种实施随机的方式，我们可以在每一次迭代时随机的选取一个下标 i_k 进行更新，或者事先对 $\{1, 2, 3, \cdots, n\}$ 进行随机排序再按照该随机顺序进行更新，注意抽取下标 i_k 的概率分布或随机排序的概率分布的选择有多种，本书均选取均匀分布进行随机抽取或随机排序. 为了方便区分我们称前一种方式为随机抽取，后一种方式为随机排序. 实际上随机抽取是有放回式抽样而随机排序是无放回式抽样，在这两种方式下选取到 i_k 的概率相同因此并不影响其收敛性. 一些文献提到了随机排序的效果优于随机抽取的效果，并且我们在实验中也发现的确如此，但该现象在理论上还没有得到论证 [24]. RCSUM 算法如下.

算法 4 RCSUM for (4.2)

1. **Initialization**
2. $k \leftarrow 0$; choose $\mathbf{w}^0 \in \mathbb{R}^n$
3. **while** not converged **do**
4. Choose $i_k \in \{1, 2, 3, \cdots, n\}$ uniformly
5. Or choose i_k from a random permutation of $\{1, 2, 3 \cdots, n\}$
6. $z_i^k \leftarrow \arg\min_{w_i \in W_i} u_i(w_i; \omega_i^k) + \lambda h_i(w_i)$;
7. $\mathbf{w}^{k+1} \leftarrow \mathbf{w}^k + (z_i^k - w_i^k) e_{i_k}$;
8. $\mathbf{w}^{k+1} \leftarrow \mathbf{w}^k + (z_i^k - w_i^k) e_{i_k}$;
9. $k \leftarrow k + 1$.
10. **end while**

4.2.3 收敛性分析

记 i_k 为第 k 次迭代随机选取的下标，E_{i_k} 为随机下标 i_k 的期望，E 为所有随机下标 $i_1, i_2, \cdots$ 的期望. 基于假设一，对于原问题 (4.2), $\mathbf{W}^*$ 为最优解集，$\mathbf{w}^* \in \mathbf{W}^*$ 为其中的一个最优解. 对于 RCSUM 算法，定义最优间隙为

$$\phi^k := E[f(\mathbf{w}^k)] - f^* \tag{4.6}$$

首先，我们提出一个引理以保证在每次迭代中在期望意义下函数值充分下降，算法的有效性正由此性质保证.

引理 4.1(充分下降性) 若 4.2.1 中假设一和假设二均成立，则在 RCSUM 中对于所有 $k \geqslant 1$ 以下不等式成立

$$\phi^k - \phi^{k+1} \geqslant \frac{\sigma}{2n} E(\|\mathbf{w}^{k+1} - \mathbf{w}^k\|^2) \tag{4.7}$$

其中常数 $\sigma := \min_i \sigma_i$.

证明 由 f 的定义及假设二得到第一个不等式

$$f(\omega_i{}^k) - f(\omega_i{}^{k+1}) \geqslant u_i(w_i{}^k;\omega_i{}^k) + h_i(w_i{}^k) - [u_i(w_i{}^{k+1}) + h_i(w_i{}^{k+1})] \tag{4.8}$$

其中

$$f(\omega_i{}^k) = l(\omega_i{}^k) + \sum_{l=1}^{n} h_l(w_l{}^k) = u_i(w_i{}^k;\omega_i{}^k) + \sum_{l\neq i}^{n} h_l(w_l{}^k) + h_i(w_i{}^k);$$

$$\begin{aligned} f(\omega_i{}^{k+1}) &= l(\omega_i{}^{k+1}) + \sum_{l\neq i}^{n} h_l(w_l{}^k) + h_i(w_i{}^{k+1}) \\ &\leqslant u_i(w_i{}^{k+1};\omega_i{}^k) + \sum_{l\neq i}^{n} h_l(w_j{}^k) + h_i(w_i{}^{k+1}). \end{aligned}$$

由假设二中的 (d)，我们有

$$\begin{aligned} & u_i(w_i{}^k;\omega_i{}^k) - u_i(w_i{}^{k+1};\omega_i{}^k) \\ & \geqslant \nabla u_i(w_i{}^{k+1};\omega_i{}^k)(w_i{}^k - w_i{}^{k+1}) + \frac{\sigma_i}{2}|w_i{}^{k+1} - w_i{}^k|^2 \end{aligned} \tag{4.9}$$

定义 $\zeta_i^{k+1} \in \partial h_i(w_i{}^{k+1})$，由 h 的凸性可以得到

$$h_i(w_i^k) - h_i(w_i^{k+1}) \geqslant \zeta_i^{k+1}(w_i^k - w_i^{k+1}) \tag{4.10}$$

注意，$w_i{}^{k+1}$ 为强凸问题 $\arg\min_{w_i} u_i(w_i;\omega_i{}^k) + h_i(w_i)$ 的最优解. 由一阶最优条件可以得到

$$[\nabla u_i(w_i^{k+1};\omega_i^k) + \zeta_i^{k+1}](w_i^k - w_i^{k+1}) \geqslant 0 \tag{4.11}$$

由 (4.8)-(4.11) 可以得到

$$f(\omega_i^k) - f(\omega_i^{k+1}) \geqslant \frac{\sigma_i}{2}|w_i^{k+1} - w_i^k|^2 \tag{4.12}$$

在 (4.12) 的两边同时对随机下标 i_k 取期望，可以得到

$$f(\omega_i^k) - E_{i_k}[f(\omega_i^{k+1})] \geqslant \frac{1}{2n}\sum_{i=1}^{n}\sigma_i|w_i^{k+1} - w_i^k|^2 \geqslant \frac{\sigma}{2n}\|\mathbf{w}^{k+1} - \mathbf{w}^k\|^2 \tag{4.13}$$

此时 $\sigma := \min_i \sigma_i$. 在 (4.13) 两边同时减去 f^*，并且在两边同时对所有下标 $i_0, i_1, \cdots$，取期望以得到

$$\phi^k - \phi^{k+1} \geqslant \frac{\sigma}{2n}E(\|\mathbf{w}^{k+1} - \mathbf{w}^k\|^2) \tag{4.14}$$

□

引理 4.2 帮助我们估计算法中每次迭代后的最优间隙.

引理 4.2 若 4.2.1 中假设一以及假设二成立，则对于 RSCUM 有

$$(\phi^{k+1})^2 \leqslant G_{\max}^2 R^2 n E(\|\mathbf{w}^{k+1} - \mathbf{w}^k\|^2), \quad \forall \mathbf{w}^* \in \mathbf{W}^* \tag{4.15}$$

证明 由 $g(\mathbf{w})$ 的凸性可以得到以下不等式

$$\begin{aligned} f(\mathbf{w}^{k+1}) - f^* &= l(\mathbf{w}^{k+1}) - l(\mathbf{w}^*) + h(\mathbf{w}^{k+1}) - h\mathbf{w}^*) \\ &\leqslant \nabla l(\mathbf{w}^{k+1})(\mathbf{w}^{k+1} - \mathbf{w}^*) + h(\mathbf{w}^{k+1}) - h(\mathbf{w}^*) \\ &= \sum_{i=1}^n [\nabla_i l(\mathbf{w}^{k+1}) - \nabla u_i(w_i^{k+1}; \omega_i^k)](w_i^{k+1} - w_i^*) \\ &\quad + \sum_{i=1}^n \nabla u_i(w_i^{k+1}; \omega_i^k)(w_i^{k+1} - w_i^*) + h(\mathbf{w}^{k+1}) - h(\mathbf{w}^*) \end{aligned} \tag{4.16}$$

注意到 w_i^{k+1} 为问题 $\arg\min_{w_i} u_i(w_i; \omega_i{}^k) + h_i(w_i)$ 的最优解. 因此由最优性条件，存在 $\zeta_i^{k+1} \in \partial h_i(w_i^{k+1})$ 使得

$$\begin{aligned} &\sum_{i=1}^n \nabla u_i(w_i^{k+1}; \omega_i^k)(w_i^{k+1} - w_i^*) + h(\mathbf{w}^{k+1}) - h(\mathbf{w}^*) \\ \leqslant &\sum_{i=1}^n [\nabla u_i(w_i^{k+1}; \omega_i^k) + \zeta_i^{k+1}](w_i^{k+1} - w_i^*) \\ \leqslant &\, 0 \end{aligned} \tag{4.17}$$

由假设二的 (c) 以及 (d)，可以得到

$$\begin{aligned} &\nabla_i l(\mathbf{w}^{k+1}) - \nabla u_i(w_i^{k+1}; \omega_i^k) \\ = &\nabla u_i(w_i^{k+1}; \mathbf{w}^{k+1}) - \nabla u_i(w_i^{k+1}; \omega_i^k) \\ \leqslant &\, G_i \|\mathbf{w}^{k+1} - \omega_i^k\| \end{aligned} \tag{4.18}$$

结合 (4.16)-(4.18)，并利用假设一中的 (c) 可以得到

$$\begin{aligned} &[f(\mathbf{w}^{k+1}) - f^*]^2 \\ \leqslant &\left[\sum_{i=1}^n G_i \|\mathbf{w}^{k+1} - \omega_i^k\| |w_i^{k+1} - w_i^*|\right]^2 \\ \leqslant &\left[G_{\max} R \sum_{i=1}^n \|\mathbf{w}^{k+1} - \omega_i^k\|\right]^2 \\ = &\, G_{\max}^2 R^2 n \|\mathbf{w}^{k+1} - \mathbf{w}^k\|^2 \end{aligned} \tag{4.19}$$

在 (4.19) 的两边取期望可以得到

$$(\phi^{k+1})^2 \leqslant G_{\max}^2 R^2 n E(\|\mathbf{w}^{k+1} - \mathbf{w}^k\|^2) \tag{4.20}$$

□

结合以上两个引理的结论，接下来我们将证明 RCSUM 算法的收敛速度为 $O\left(\dfrac{1}{k}\right)$.

定理 4.1 若 4.2.1 中假设一以及假设二成立，并且令 x^k 为通过 RCSUM 产生的一个序列，则以下结论成立

$$\phi^k = E[f(\mathbf{w}^k)] - f^* \leqslant \frac{c}{\gamma}\frac{1}{k} \tag{4.21}$$

其中常数的取值如下

$$\begin{aligned} c &= \max\{4\gamma - 2, f(\mathbf{w}^1) - f^*\} \\ \gamma &= \frac{\sigma}{n^2 G_{\max}^2 R^2} \end{aligned} \tag{4.22}$$

证明 由引理 4.1 以及引理 4.2 可以得到

$$\phi^k - \phi^{k+1} \geqslant \frac{\sigma}{n^2 G_{\max}^2 R^2}(\phi^{k+1})^2 := \gamma(\phi^{k+1})^2,\ \forall r \geqslant 1 \tag{4.23}$$

或者等价的

$$\gamma(\phi^{k+1})^2 + \phi^{k+1} \leqslant \phi^k,\ \ \forall r \geqslant 1 \tag{4.24}$$

由定义我们有 $\phi^1 = f(w^1) - f^*$. 首先我们声明不等式 (4.25) 成立，接下来将进行证明.

$$\phi^2 \leqslant \frac{c}{2\gamma},\ \ 其中\ \ c := \max\{4\gamma - 2, f(\mathbf{w}^1) - f^*, 2\} \tag{4.25}$$

由不等式 (4.25) 以及 $\phi^1 \leqslant c$ 有

$$\phi^2 \leqslant \frac{-1 + \sqrt{1 + 4\gamma c}}{2\gamma} = \frac{2c}{1 + \sqrt{1 + 4\gamma c}} \leqslant \frac{2c}{1 + |4\gamma - 1|}$$

其中在最后一个不等式中，我们利用了 $c \geqslant 4\gamma - 2$. 假设 $4\gamma - 1 \geqslant 0$, 那么可以得到 $\phi^2 \leqslant \dfrac{c}{2\gamma}$. 假设 $4\gamma - 1 < 0$, 那么

$$\phi^2 \leqslant \frac{2c}{2 - 4\gamma} \leqslant \frac{2c}{8\gamma - 4\gamma} = \frac{c}{2\gamma} \tag{4.26}$$

接下来我们声明若 $\phi^k \leqslant \frac{c}{k\gamma}$，那么 (4.27) 一定成立.

$$\phi^{k+1} \leqslant \frac{c}{(k+1)\gamma} \tag{4.27}$$

利用归纳假设 $\phi^k \leqslant \frac{c}{k\gamma}$ 有

$$\begin{aligned}\phi^{k+1} &\leqslant \frac{-1+\sqrt{1+\frac{4c}{k}}}{2\gamma} = \frac{2c}{k\gamma\left(1+\sqrt{1+\frac{4c}{k}}\right)} \\ &\leqslant \frac{2c}{\gamma(k+\sqrt{k^2+4k+2})} = \frac{c}{\gamma(k+1)}\end{aligned} \tag{4.28}$$

其中最后一个不等式基于 $c \geqslant 2$ 以及 $k \geqslant 2$. 综上，我们证明了对于所有 $c \geqslant 1$ 有

$$\phi^k = E[f(\mathbf{w}^k)] - f^* \leqslant \frac{c}{\gamma}\frac{1}{k} \tag{4.29}$$

□

4.2.4 RCSUM 求解 ℓ_1 范数正则化逻辑回归

本节将通过随机算法 RCSUM 优化 ℓ_1 范数逻辑回归问题. 并给出 RCSUM 解 ℓ_1 范数正则化逻辑回归的具体过程. 由于 RCSUM 是 CSUM 的一种随机版本，为了说明问题我们将在 CSUM 上展示推导过程. 我们选择 $l(\mathbf{w})$ 的一个上界函数，其具体形式如下.

$$u_i(z_i;\mathbf{w}) := l(\mathbf{w}) + \nabla_i l(\mathbf{w})(z_i - w_i) + \frac{L_i}{2}|z_i - w_i|^2 \tag{4.30}$$

其中 $L_i \geqslant \rho_{max}(\nabla^2 l(\mathbf{w}))$.

为了更清晰的说明问求解过程，我先首先明确一些标记. w_j^k 表示在第 k 轮迭代中的第 j 个参数的估计值，$w^k = (w_1^k, w_2^k, \cdots, w_p^k)$ 表示在第 k 轮迭代中的所有参数的估计值. 我们还将定义一些关于 w_j 以及 x 的辅助变量.

$$\begin{aligned}\tilde{w}_j^k &= (w_1^{k+1}, \cdots, w_{j-1}^{k+1}, w_j^k, \cdots, w_p^k); \\ \tilde{w}_{-j}^k &= (w_1^k, \cdots, w_{j-1}^k, w_{j+1}^k, \cdots, w_p^k); \\ x_i^j &= (x_{i1}, \cdots, x_{i[j-1]}, x_{i[j+1]}, \cdots, x_{ip});\end{aligned} \tag{4.31}$$

为了解决一范数正则化逻辑回归 (4.1)，我们利用 (4.30) 逼近 $l(w_0, \mathbf{w})$，此时第 j 个变量的更新公式如下

$$w_j^{k+1} \in \arg\min_{w_j} u_j(w_j; w_0^k, \tilde{w}_j^k) + \lambda|w_j|, \qquad j = 1, 2, 3, \cdots, p \tag{4.32}$$

$$u_j(w_j; w_0^k, \tilde{w}_j^k) = l(w_0^k, \tilde{w}_j^k) + \nabla_j l(w_0^k, \tilde{w}_j^k)(w_j - w_j^k) + \frac{L_j}{2}(w_j - w_j^k)^2 \tag{4.33}$$

其中 $\tilde{w}_j^k = (w_1^{k+1}, \cdots, w_{j-1}^{k+1}, w_j^k, \cdots, w_p^k)$，为上一次迭代更新的估计值.

我们选择 $L_j = \max_{w_j} \nabla_j^2 l(w_j; w_0, \tilde{w}_{-j}^k)$，此时保证 $u_j(w_j; w_0, \tilde{w}_j^k)$ 满足假设二. $l(w_j; w_0, \tilde{w}_j^k)$ 的二阶导如下:

$$\nabla_j^2 l(w_j; w_0, \tilde{w}_j^k) = \sum_{i=1}^{N} \frac{x_{ij}^2 e^{\tilde{y}_i^{jk} + x_{ij} w_j}}{(1 + e^{\tilde{y}_i^{jk} + x_{ij} w_j})^2} \qquad j = 1, 2, 3, \cdots, p \tag{4.34}$$

其中 $\tilde{y}_i^j = w_0 + \langle x_i^j, \tilde{w}_{-j} \rangle$. 显然，$\nabla_j^2 l(w_j; w_0, \tilde{w}_j)$ 在 $\tilde{y}_i^j + x_{ij} w_j = 0$处达到其最大值. 因此我们有 $L_j = \sum_{i=1}^{N} \dfrac{x_{ij}^2}{4}$.

因此我们可以得到 (4.33) 的具体形式，并将其转化为二次形式

$$\begin{aligned}
&u_j(w_j; w_0, \tilde{w}_j^k) \\
&= \sum_{i=1}^{N} \left[\left(\frac{x_{ij} e^{\tilde{y}_i^k}}{1 + e^{\tilde{y}_i^k}} - x_{ij} y_i \right) (w_j - w_j^k) + \frac{x_{ij}^2}{8} (w_j - w_j^k)^2 + l(\tilde{w}_j^k) \right] \\
&= \sum_{i=1}^{N} \left(\frac{x_{ij}}{2\sqrt{2}} w_j - \sqrt{2} y_i + \sqrt{2} \frac{e^{\tilde{y}_i^k}}{1 + e^{\tilde{y}_i^k}} - \frac{x_{ij}}{2\sqrt{2}} w_j^k \right)^2 + C(\tilde{w}_{-j}^k) \\
&j = 1, 2, 3, \cdots, p
\end{aligned} \tag{4.35}$$

其中 $\tilde{y}_i = w_0 + \langle x_i, \tilde{w}_j \rangle$. $C(\tilde{w}_{-j}^k)$ 不包含 w_j因此我们将它当做常数. 为了简化标记，我们定义 $y_i^{*k} = \sqrt{2} y_i - \sqrt{2} \dfrac{e^{\tilde{y}_i}}{1 + e^{\tilde{y}_i}} + \dfrac{x_{ij}}{2\sqrt{2}} w_j^k$; $x_{ij}^* = \dfrac{x_{ij}}{2\sqrt{2}}$.

由 (4.32) 以及 (4.35)，第 j 个变量可由以下公式进行更新:

$$w_j^{k+1} \in \arg\min_{w_j} \frac{1}{2N} \sum_{i=1}^{N} (y_i^{*k} - x_{ij}^* w_j)^2 + \lambda |w_j|, \qquad j = 1, 2, 3, \cdots, p \tag{4.36}$$

对于截距项，同样的令 $L_0 = \max_{w_0} \nabla_0^2 l(w_0; w^{k+1}) = \sum_{i=1}^{N} \dfrac{1}{4}$，$w_0$ 的上界函数可以被写成如下形式:

$$\begin{aligned}
&u_0(w_0; w^{k+1}) \\
&= \sum_{i=1}^{N} \left[\left(\frac{e^{w_0^k + \tilde{y}_i{}^{(k+1)0}}}{1 + e^{w_0^k + \tilde{y}_i{}^{(k+1)0}}} - y_i \right) (w_0 - w_0^k) + \frac{1}{8} (w_0 - w_0^k)^2 + l(w_0^k) \right] \\
&= \sum_{i=1}^{N} \left(\frac{1}{2\sqrt{2}} w_0 - \sqrt{2} y_i + \sqrt{2} \frac{e^{w_0^k + y_i^{(k\tilde{+}1)0}}}{1 + e^{w_0^k + \tilde{y}_i{}^{(k+1)0}}} - \frac{1}{2\sqrt{2}} w_0^k \right)^2 + C(w^{k+1})
\end{aligned} \tag{4.37}$$

值得注意的是，惩罚项并不包含 w_0，因此 w_0^{k+1} 的更新公式如下：

$$w_0 \in \arg\min_{w_0} \sum_{i=1}^{N} \left(\frac{1}{2\sqrt{2}} w_0 - \sqrt{2} y_i + \sqrt{2} \frac{e^{w_0^k + \tilde{y_i}^{(k+1)0}}}{1 + e^{w_0^k + \tilde{y_i}^{(k+1)0}}} - \frac{1}{2\sqrt{2}} w_0^k \right)^2 \tag{4.38}$$

由上式可知，更新第 j 个变量实际上是解一个单变量 lasso 问题，因此 (4.36) 以及 (4.38) 可被表达为

$$w_0^{k+1} \leftarrow w_0^k + \frac{4}{N} \sum_{i=1}^{N} \left(y_i - \frac{e^{w_0^k + \tilde{y_i}^{(k+1)0}}}{1 + e^{w_0^k + \tilde{y_i}^{(k+1)0}}} \right) \tag{4.39}$$

$$w_j^{k+1} \leftarrow 8\mathcal{S}(\hat{w_j^k}, \lambda) \tag{4.40}$$

其中 $\hat{w_j^k} = \frac{1}{N} \sum_{i=1}^{N} x_{ij}^* y_i^{*k}$，$\mathcal{S}(z, \gamma)$ 为一软阈值，其取值如下：

$$\begin{aligned} \mathcal{S}(z, \gamma) &= \text{sign}(z)(|z| - \gamma)_+ \\ &= \begin{cases} z - \gamma, & z > 0 \text{ 且 } \gamma < |z|; \\ z + \gamma, & z < 0 \text{ 且 } \gamma < |z|; \\ 0, & \gamma \geqslant |z|. \end{cases} \end{aligned} \tag{4.41}$$

RCSUM 与 CSUM 在计算过程中的唯一差别是选取下标的时候是随机选取的. 算法如下.

算法 5 RCSUM for *ell* regularized logistic regression

1. **Initialization**
2. $k \leftarrow 0$; choose $w^0 \in \mathbb{R}^{p+1}$
3. **while** not converged **do**
4. Choose $i_k \in \{1, 2, 3 \cdots, n\}$ uniformly
5. Or choose i_k from a random permutation of $\{1, 2, 3 \cdots, n\}$
6. $y_i^{*k} \leftarrow \sqrt{2} y_i - \sqrt{2} \frac{e^{w_0^k + \sum_{l=1}^p x_{il} w_l^k}}{1 + e^{w_0^k + \sum_{l=1}^p x_{il} w_l^k}} + \frac{x_{ij}}{2\sqrt{2}} w_j^k$;
7. $\hat{w_j^k} \leftarrow \frac{1}{N} \sum_{i=1}^{N} x_{ij}^* y_i^{*k}$;
8. $\zeta_j^k \leftarrow 8\mathcal{S}(\hat{w_j^k}, \lambda)$;
9. $w^{k+1} \leftarrow w^k + (\zeta_j^k - w_j^k) e_{i_k}$;
10. **if** $k|p$ **then**
11. $w_0^{k+1} \leftarrow w_0^k + \frac{4}{N} \sum_{i=1}^{N} \left(y_i - \frac{e^{w_0^k + \tilde{y}_i^{(k+1)0}}}{1 + e^{w_0^k + \tilde{y}_i^{(k+1)0}}} \right)$;
12. **else**
13. $w_0^{k+1} \leftarrow w_0^k$;
14. **end if**
15. $k \leftarrow k + 1$.
16. **end while**

4.3 加速随机算法 APCG 求解 ℓ_1 范数逻辑回归

为了得到解决 ℓ_1 范数正则化逻辑回归的更完整的方案，我们还将采用加速随机算法解问题 (4.1). 由于上界函数是一类满足假设的函数没有具体的形式，因此难以直接对上界函数进行加速，但将上界函数选取为如 (4.33) 的二次形式则将加速变为可能.

加速随机算法 APCG 已被提出解决问题 (4.2)[26]. APCG 实际上优化的是一个块邻近子问题，该问题是原问题 (4.2) 的一种近似问题[27].

$$h_{i_k}^k = \arg\min_{h_{i_k}}\{\nabla_{i_k} f(\mathbf{w}^k)h_{i_k} + \frac{L_j}{2}(h_{i_k})^2 + \lambda|w_j^k + h_{i_k}|\}$$

$$w_i^{k+1} = \begin{cases} w_i^k + h_{i_k}^k, & i = j \\ w_i^k, & i \neq j \end{cases} \tag{4.42}$$

其中下标 i_k 从 $\{1,2,\cdots,n\}$ 中选取，$h_{i_k}^k = w_i^{k+1} - w_i^k$. 可以看到 (4.42) 式满足假设二，因此是上界函数的一种特例.

在我们展示算法之前，我们首先定义一个凸参数 $\sigma \geqslant 0$

$$g(y) \geqslant g(x) + \langle \nabla g(x), y - x > + \frac{\sigma}{2}\|y - x\|^2, \ \ \forall y \in \mathbb{R}^n, \ x \in dom(f) \tag{4.43}$$

当 $\sigma > 0$ 时，g 被称为是强凸的. g 是一个凸函数当它满足 (4.43) 并且 $\sigma = 0$.

在该算法 6 中，$\alpha_k, \gamma_k, \theta_k$ 都是在第 k 次迭代中的标量，η^k 取决于 $\{j_0, j_1, \cdots, j_{k-1}\}$ 的选取，x^{k+1}, z^{k+1} 取决于 $\{j_0, j_1, \cdots, j_k\}$ 的选取，其中 $L = \sum_{i=1}^N \dfrac{x_{ij}^2}{4}$. 接下来我们将展示算法中解决该极小化问题的计算细节.

当 $i_k = i$ 时

$$\begin{aligned} z_j^{k+1} &= \arg\min_{w_j \in \mathbb{R}} \left\{ \frac{Lp\alpha_k}{2N}[w_j - (1-\theta_k)\eta^k - \theta_k \eta_j^k]^2 + \nabla_i f(\eta^k)(w_j - \eta_j^k) + \lambda|w_j| \right\} \\ &= \frac{1}{N}\sum_{i_1}^{N}\left\{ \frac{8}{p\alpha_k}x_{ij}y_i - \frac{4}{p\alpha_k}\frac{e^{\eta_0^k + \langle x_i, \eta^k\rangle}}{1 + e^{\eta_0^k + \langle x_i, \eta^k\rangle}} + x_{ij}^2[(1-\theta_k)z_j^k + \theta_k \eta^k] \right\} \\ &= \frac{8}{p\alpha_k}\mathcal{S}(\hat{z}_j, \lambda) \end{aligned}$$

$$\hat{z}_j = \frac{1}{N}\sum_{i=1}^{N} x_{ij}^{**} y_i^{**}$$

$$x_{ij}^{**} = \frac{\sqrt{p\alpha_k}}{2\sqrt{2}}x_{ij}$$

$$y_i^{**} = \sqrt{\frac{2}{p\alpha_k}} y_i - \sqrt{\frac{2}{p\alpha_k}} \frac{e^{\eta_0 + \langle x_i, \eta \rangle}}{1 + e^{\eta_0 + \langle x_i, \eta \rangle}} + \frac{\sqrt{p\alpha_k} x_{ij}}{2\sqrt{2}} [(1-\theta_k) z_j^k + \theta_k \eta^k] \tag{4.44}$$

当 $i_k \neq i$ 时

$$z_i^{k+1} = (1-\theta_k) z_i^k + \theta_k \eta^k \tag{4.45}$$

因此 z^{k+1} 的更新公式为

$$z_i^{k+1} = \begin{cases} \dfrac{8}{p\alpha_k} \mathcal{S}(\hat{z}_j, \lambda), \text{ 若 } i = i_k, \\ (1-\theta_k) z_i^k + \theta_k \eta^k, \text{ 若 } i \neq i_k. \end{cases} \tag{4.46}$$

算法 6 APCG for ℓ_1 regularized logistic regression

1. **Initialization**
2. $k \leftarrow 0$; choose $w^0 \in \mathbb{R}^p$, $w_0^0 \in \mathbb{R}$
3. Choose convexity parameter $\sigma \geqslant 0$; choose $0 \leqslant \gamma_0 \in [\sigma, 1]$;
4. Set $z^0 = w^0$, $z_0^0 = w_0^0$;
5. **while** not converged **do**
6. Compute $\alpha_k \in (0, \frac{1}{n}]$ form $n^2\alpha_k^2 = (1-\alpha_k)\gamma_k + \alpha_k\sigma$;
7. $\gamma_{k+1} \leftarrow (1-\alpha_k)\gamma_k + \alpha_k\sigma$;
8. $\theta_k \leftarrow \frac{\alpha_k}{\gamma_{k+1}}$;
9. $\eta^k \leftarrow \dfrac{1}{\alpha_k\gamma_k + \gamma_{k+1}}(\alpha_k\gamma_k z^k + \gamma_{k+1} w^k)$;
10. $\eta_0^k \leftarrow \dfrac{1}{\alpha_k\gamma_k + \gamma_{k+1}}(\alpha_k\gamma_k z_0^k + \gamma_{k+1} w_0^k)$;
11. Choose $i_k \in \{1, 2, 3 \cdots, n\}$ uniformly
12. $z^{k+1} \leftarrow \arg\min_{w \in \mathbb{R}^p} \{\dfrac{Lp\alpha_k}{2N} \|w - (1-\theta_k)z^k - \theta_k\eta^k\|^2 + \nabla_j f(\eta^k)(w_{j_k} - \eta_{j_k}^k) + \lambda|w_{j_k}|$;
13. $w^{k+1} \leftarrow \eta^k + p\alpha_k(z^{k+1} - z^k) + \frac{\sigma}{p}(z^k - \eta^k)$;
14. **if** $k|p$ **then**
15. $z_0^{k+1} \leftarrow (1-\theta_k)z_0^k + \theta_k\eta_0^k$;
16. **else**
17. $z_0^{k+1} \leftarrow z_0^k$;
18. **end if**
19. $k \leftarrow k+1$.
20. **end while**

4.4 数值实验

本节将给出算法 5 以及算法 6 在不同数据集上的实验结果. 我们首先对实验安排作一些阐述.

(1) 本节实验均在 8 核 CPU，16G 内存的服务器上运行. 并选取 R 语言进行编程.

(2) 我们在 4.2 中已经提到，对于 RCSUM 有两种随机选取下标的方式，一种是随机抽样 (即有放回抽样)，另一种是随机排序 (无放回抽样). 在实际操作中，随机排序的方式通常优于随机抽样的方式 [24]. 在实验过程中我们发现随机抽样总是迭代一轮就跳出循环使得估计函数值与最优函数值的间隙过大而随机排序则稳定得多，因此我们选取基于随机排序的 RCSUM 进行实验.

(3) 为了进行更全面的比较，我们还选取了两个非随机的算法 CGD[21] 及 CSUM[22] 解决 ℓ_1 范数正则化逻辑回归作为基准进行对比.

4.4.1 模拟数据

本文的模拟数据按以下方式生成. 我们生成了有 N 个观测 p 个预测变量的高斯数据，输入矩阵记为 $\boldsymbol{X}$，其中每个列变量即预测变量记为 $\boldsymbol{X}_j$，我们假设每一对预测变量 $\boldsymbol{X}_i, \boldsymbol{X}_j$ 的相关性相同记为 ρ，输出矩阵记为 $\boldsymbol{Y}$. 通过调节 N, p, ρ 得到不同性质的测试数据，其中产生输入矩阵以及输出矩阵的公式如下

$$\boldsymbol{X} = \rho \boldsymbol{Z}_x + \boldsymbol{X}_0 \tag{4.47}$$

其中 $\boldsymbol{X}_0$ 为由标准正态分布随机产生的 $N * p$ 的矩阵，$\rho = \dfrac{\rho_0}{1-\rho_0}$ 为输出矩阵的相关性参数，$\boldsymbol{Z}_x$ 为一个 $N * p$ 的矩阵，其每个列向量都为同一组由标准正态分布产生的随机数组.

$$\boldsymbol{Y} = \sum_{j=1}^{p} \beta_j \boldsymbol{X}_j + k * \boldsymbol{Z}_y \tag{4.48}$$

输出矩阵的生成方法参考 [19]，其中 $\beta_j = (-1)^j \exp(-2(j-1)/20)$，$\boldsymbol{Z}_y \tilde{N}(0,1)$，$k = \dfrac{\sqrt{var(\beta \boldsymbol{X})}}{var(\boldsymbol{Z}_y)}$ 为信噪比.

在模拟数值实验中，我们选取了观测数量远大于特征数量 ($N \gg p$) 以及特征数量远大于观测数量 ($p \gg N$) 的两类数据，对于每一类数据分别考虑不同相关性的情况. 本章将采用蒙特卡洛的方式消除数据的随机性对结果的干扰，每一种类型的数据都随机生成 50 次取结果的平均值以描述不同算法对该类型数据表现. 对于每一种类型的数据，本章还生成了万级的数据以测试算法在大规模数据上的表现. 数据的具体构成见表 4.1.

表 4.1

模拟数据集		
	N =1000, p =100	N =100, p =1000
ρ	0, 0.5, 0.95	0, 0.5, 0.95
λ	$10^{-2}, 10^{-3}, 10^{-4}, 10^{-5}, 10^{-6}$	10^{-2}

续表

大规模数据集		
	N =10w, p =100	N =100, p =1000
ρ	0, 0.5, 0.95	0, 0.5, 0.95
λ	$10^{-2}, 10^{-3}, 10^{-4}, 10^{-5}, 10^{-6}$	10^{-2}

注：当 $N \gg p$ 时，数据的相关性 $\rho = 0, 0.5, 0.95$ 分别代表了数据良好、病态、非常病态的情况. 当 $p \gg N$ 时数据都是病态的，其相关性越高病态程度越高. 正则化系数 λ 越小正则化项在模型中的作用越小，收缩变量的程度越低模型的时间代价越高，但并不影响算法在数据上的表现.

4.4.2　实验结果及分析

表 4.2，表 4.3 分别为数据 N =1000，p =100 时的 50 次蒙特卡洛运行时间以及迭代轮数. 当 $\rho = 0$ 时，CSUM 的运行时间最短，其次是 RCSUM，APCG 以及 CGD. 可以看到每个算法之间的迭代轮数差异不大，因此当数据正常时，迭代一轮计算代价越小的算法越有优势；当 $\rho = 0.5$ 时，RCSUM 的运行时间最短，其次是 APCG 以及 CSUM (此时 CGD 的运行时间远远大于其余算法，因此不予展示)，其中 CSUM 的运行时间以及迭代轮数较 RCSUM 及 APCG 都有差异明显. 在数据较病态时，随机算法更能体现优势；当 $\rho = 0.95$ 时，RCSUM 的运行时间更短 (此时 CGD 及 CSUM 的运行时间远远大于其余算法，因此不予展示)，而 APCG 的迭代轮

表 4.2

$N = 1000, p = 100$						
λ	10^{-2}	10^{-3}	10^{-4}	10^{-5}	10^{-6}	10^{-7}
$\rho = 0$						
CGD	0.2642	0.4720	0.5174	0.5338	0.5424	0.5282
APCG	0.1108	0.1914	0.2127	0.2269	0.2271	0.2232
CSUM	0.0295	0.0662	0.0778	0.0829	0.0807	0.0824
RCSUM	0.0307	0.0705	0.0833	0.0800	0.0849	0.0832
$\rho = 0.5$						
CGD	-	-	-	-	-	-
APCG	0.1970	0.3688	0.4525	0.4475	0.4582	0.4518
CSUM	0.2222	2.2516	2.6961	2.8090	2.7659	2.8207
RCSUM	0.0692	0.1530	0.1942	0.2013	0.1925	0.1921
$\rho = 0.95$						
CGD	-	-	-	-	-	-
APCG	0.5032	2.3483	3.6127	3.8146	3.8261	3.9190
CSUM	-	-	-	-	-	-
RCSUM	0.4347	1.2223	2.0270	2.1091	2.1417	2.0686

注：N =1000, p =100 时，表为四种算法在随机生成的 50 组相关性为 $\rho = 0, 0.5, 0.95$ 的数据以及不同的正则化参数 λ 下的平均运行时间. 数据的病态程度增加时，当一些算法的时间代价远大于其余算法时不展示其结果.

表 4.3

	$N=1000,p=100$					
	10^{-2}	10^{-3}	10^{-4}	10^{-5}	10^{-6}	10^{-7}
			$\rho=0$			
CGD	7	13	14	15	15	15
APCG	15	26	29	32	31	31
CSUM	12	26	31	33	32	33
RCSUM	12	28	34	32	34	33
			$\rho=0.5$			
CGD	-	-	-	-	-	-
APCG	26	49	61	60	61	60
CSUM	84	778	905	938	924	940
RCSUM	27	61	77	80	77	77
			$\rho=0.95$			
CGD	-	-	-	-	-	-
APCG	66	308	472	498	500	512
CSUM	-	-	-	-	-	-
RCSUM	162	441	702	727	736	711

注：$N=1000$,$p=100$ 时，表为四种算法在随机生成的 50 组相关性为 $\rho=0,0.5,0.95$ 的数据以及不同的正则化参数 λ 下的迭代轮数. 数据的病态程度增加时，当一些算法的时间代价远大于其余算法时不展示其结果.

数少于 RCSUM. 此时对于相关性大的输入矩阵随机算法仍然体现出优势，并且注意到数据越病态 APCG 与 RCSUM 的迭代轮数差越大从而运行时间差越小. 实际上四个算法中 CGD 每轮迭代的代价最高，这是由于 CGD 需要通过 ARMIJO 准则搜索最优步长使得函数值下降得足够多导致的，因此 CGD 有迭代轮数少但运行时间长的特点. 其次是 APCG 每轮迭代的代价最高，APCG 通过更新较多参数使得期望收敛速率被加速到 $O\left(\frac{1}{k^2}\right)$，因此在实验结果中 APCG 的迭代轮数虽然少于 RCSUM 但其运行时间更长. 注意到实际上 RCSUM 的计算代价略大于 CSUM，两个算法大体相同但 RCSUM 每更新一轮需要生成一个随机排列，在某些情况下随机性不体现优势时该差异就会使得 CSUM 略好于 RCSUM.

图 4.1 为 N =1000，p =100 时，从 100 条 RCSUM 目标函数下降路径图 (前 1000 步) 中随机选取的 10 条路径展示图. 可以看到在不同相关性的数据下，RCSUM 的下降路径都较为集中且收敛点的最优间隙差异很小，因此可以说明该算法的稳健性较好。

图 4.2 为 N =10w，p =100 时的目标函数下降路径图. 图中目标函数下降路径越靠下表示算法效率越高. 图中以 RCSUM 达到算法终止条件时间为基准. 我们发

现在一些情况下 APCG 在最优间隙稍大的点跳出，这说明 APCG 在收敛点附近的下降能力比 RCSUM 更弱. 其次图中的下降路径走势与表中的结论相符，因此算法的表现并不受样本量增加的影响，这说明在大规模病态数据下 RCSUM 的表现依然是出色的. 值得注意的一点是当 $\rho = 0.5, 0.95$ 时，CSUM 一开始的下降速率最快但在收敛点附近变慢导致最终运行时间变长，可以猜想 CSUM 的运行时间长是由于算法在收敛点附近花费的时间太多导致的.

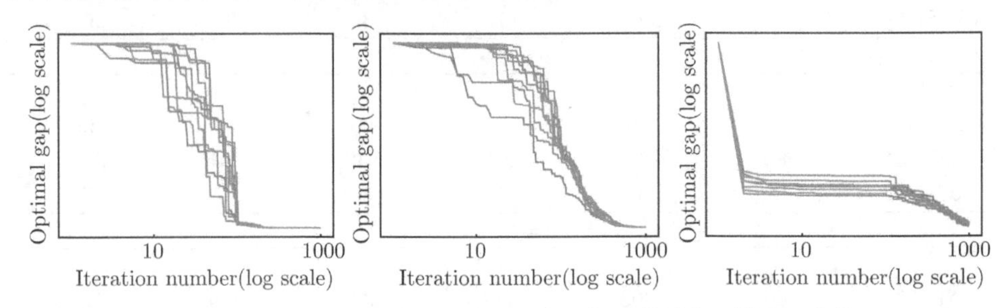

图 4.1 $N = 1000, p = 100$，RCSUM 的 10 条目标函数路径下降图 (取前 18000 步) 从左向右依次 $\rho = 0, 0.5, 0.95$，其中 x 轴迭代次数 (更新一个坐标为迭代一次)，y 轴为最优间隙即 $f(\mathbf{w}) - f^*$，f^* 的取值为所有估计值中的最小值

综上对于 $N \gg p$ 的情况我们可以得到几个结论.

(1) 当数据正常时，迭代一轮计算代价越小的算法越有优势. 在实验中 CSUM 表现最优，RCSUM 其次并且差异较小.

(2) 数据病态时，随机算法表现最优. 并且数据的病态程度越高，随机算法体现出的优势越大. 在以上实验中 RCSUM 均表现最优.

(3) 随着数据越来越病态，APCG 的加速优势渐渐得到体现. APCG 与 RCSUM 的迭代轮数差距逐渐增加从而其运行时间差距也逐渐缩小，可以预测当数据更加病态时 APCG 也更有优势. 但在一些情况下，APCG 在最优间隙稍大的收敛点处跳出，这说明 APCG 在收敛点附近的下降能力比 RCSUM 更弱.

(4) RCSUM 算法具有良好的稳健性，因此我们可以认为其单次结果是大概率有效的.

(5) 样本量的增加并不会改变算法的性能，较非随机算法, 随机算法更适用于大规模数据.

对于 $N = 100$，$p = 1000$ 的情况，算法计算效率降低，对于该现象主要有两个原因. 一是由于变量维数的增加导致每一轮需要更新的坐标个数增加，因此每轮的计算代价对于变量维数近似线性增长. 二是 $p \gg N$ 的数据总是病态的，因为该状态下的数据总是非列满秩的，并且输入矩阵的秩最大不超过行数，即观测样本数. 这种情况下，模型很容易过拟合，因此我们需要选取足够大的正则化系数 λ 以完全移除相关性较高的变量. 在我们的实验中，为了得到有意义的结果我们选取 $\lambda = 10^{-2}$.

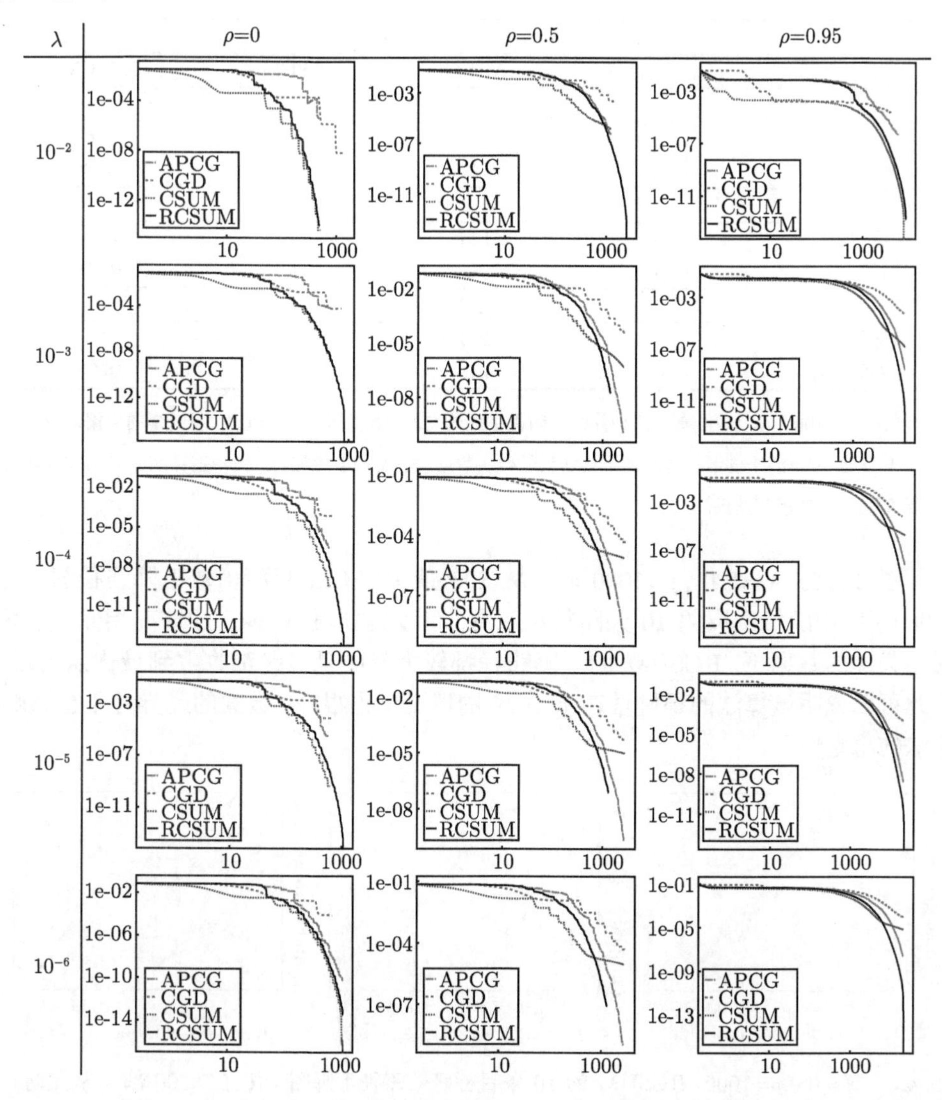

图 4.2 N=10w,p=100 时的目标函数下降路径图. 其中 x 轴为计算时间单位为秒，y 轴为最优间隙即 $f(\mathbf{w})-f^*$，f^* 的取值为四种算法中的最小函数估计值. x 轴与 y 轴均取对数尺度

表 4.4 为数据 N=100，p=1000 时的 50 次蒙特卡洛结果包括运行时间及迭代轮数. 从表中的结果可以得出在这类数据下 APCG 优于 RCSUM 的结论，此时 APCG 与 RCSUM 的迭代轮数差足够大使得 APCG 的运行时间更少. 但从图 4.3 中可以看到，APCG 的收敛点的最优间隙较大，因此此时的高计算效率可能是由

于算法跳出过早导致的.

表 4.4

$N = 100, p = 1000\ (\lambda = 10^{-2})$				
	CGD	APCG	CSUM	RCSUM
$\rho = 0$				
迭代轮数	-	161	-	378
时间 (min)	-	4.91	-	11.41
$\rho = 0.5$				
迭代轮数	-	196	-	472
时间 (min)	-	6.07	-	16.33
$\rho = 0.95$				
迭代轮数	-	196	-	498
时间 (min)	-	6.18	-	16.78

注：$N = 100, p = 1000$ 时，四种算法在随机生成的 50 组相关性为 $\rho = 0, 0.5, 0.95$ 的数据以及不同的正则化参数 λ 下的平均运行时间及平均迭代轮数. 数据的病态程度增加时，当一些算法的时间代价远大于其余算法时不展示其结果.

图 4.3 为 N=100，p=1000 时，从 100 条 RCSUM 目标函数下降路径图 (前 18000 步) 中随机选取的 10 条路径展示图. 可以看到跟 $N \gg p$ 的情况相似，在不同相关性的数据下，RCSUM 的下降路径都较为集中且最终都收敛到最优点附近，因此可以说明该算法的稳健性在 $p \gg N$ 的情况下也很好，数据的差异并不会影响算法的稳定性.

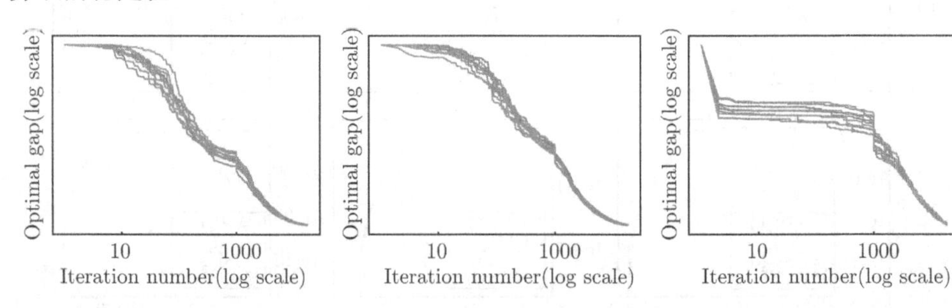

图 4.3　N=100,p=1000，RCSUM 的 10 条目标函数路径下降图 (取前 18000 部)，从左向右依次 $\rho = 0, 0.5, 0.95$，其中 x 轴迭代次数 (更新一个坐标为迭代一次)，y 轴为最优间隙即 $f(\mathbf{w}) - f^*$，f^* 的取值为所有估计值中的最小值

图 4.4 为 N=100，p=1000 时的目标函数下降路径图. 图中目标函数下降路径越靠下表示算法效率越高. 同样的该图中仍以 RCSUM 达到算法终止条件时间为基准. 当 $\lambda = 10^{-2}$ 时，三个不同相关性 (从小到大) 的数据筛选出的变量个数 (以最优间隙最小的算法为准) 分别为 58，52，22 均小于 100 说明此时正则化系数的

取值足够大. 可以看到，当 $\rho=0$ 时，CGD 表现最优，其次是 CSUM，RCSUM 以及 APCG. 这可能是因为此时输入矩阵的病态程度不高而维数高导致的，从实验中我们发现当数据病态程度较低时算法间的差异不大，而维数增加后每轮迭代的代价大大增加，这就使得 CGD 中选取步长的代价相对变小而体现出了选取的步长使得函数值下降足够多的优势，从而该算法表现最优；当 $\rho=0.5$ 时，CSUM 表现最优，其次是 RCSUM，APCG 以及 CGD；当 $\rho=0.95$，RCSUM 表现最优，其次是

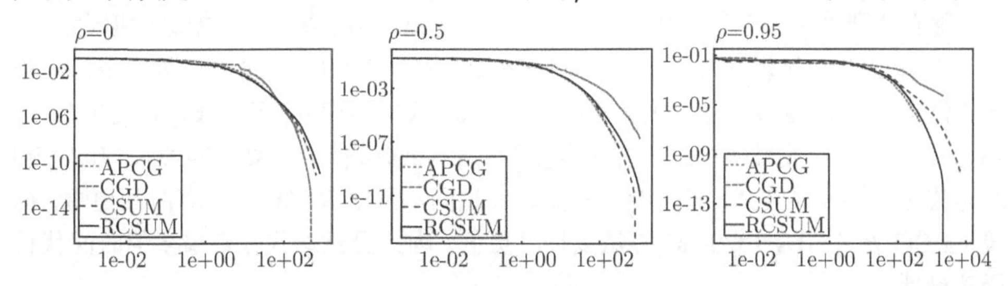

图 4.4 N=100,p=1000，$\lambda=10^{-2}$ 时的目标函数下降路径图。其中 x 轴为计算时间单位为秒，y 轴为最优间隙即 $f(\mathbf{w})-f^*$，f^* 的取值为四种算法中的最小函数估计值。x 轴与 y 轴均取对数尺度

CSUM，APCG 以及 CGD. 可以看出当数据相关性逐渐增加时，相关性对算法的影响超过了维数对算法的影响，随机算法就逐渐体现出优势，而在两个随机算法中 RCSUM 的效果更好因为 APCG 的最优间隙过大. 最后，CGD 以及 CSUM 的收敛时间过长可能是因为确定性方法每一次迭代都需要充分下降以保证收敛但在收敛点附近下降速度慢，而随机方法则是保证每一次迭代在期望意义下充分下降，这就会导致算法可能会直接跳出. 但注意到在实验中 RCSUM 的最优间隙最低可以达到 10^{-10}，我们认为该精度在实际应用中通常是足够的，因此认为此时算法是有效的.

综上对于 $p\gg N$ 的情况我们可以得到几个结论.

(1) 数据的维数与相关性都对算法的性能有影响，其中随机算法更适用于高相关性数据，而非随机算法则在高维数据上体现出一定优势. 在高维数据中随着相关性的增加，随机算法的表现逐渐提升. 此时 APCG 的最优间隙过大，因此 RCSUM 表现更好.

(2) 高维问题中，非随机算法由于在每次迭代中保证了充分下降性并且在收敛点附近收敛速度慢，导致算法在收敛点附近花费大量时间. 而随机算法则由于在每次迭代中保证的是期望充分下降，导致算法能够在收敛点附近跳出. 因此对精度要求不是很高时，对于非随机算法可以适当调整收敛准则以减少运行时间而随机算法则可以自动的在收敛点附近跳出. 在实验中，我们认为 RCSUM 的精度在大多是实际应用中足够因此是有效的.

(3) RCSUM 算法在 $p \gg N$ 的情况下仍具有良好的稳健性，此时其单次结果也是大概率有效的. 并且数据的类型并不改变算法的稳健性.

4.4.3　乳腺癌数据

我们从 [28] 中获取了乳腺癌数据，该数据为包含 9 个特征 (原本包含 10 个特征，在实验时将为 ID 信息的第一列数据删除) 样本量为 683 的二分类数据. 同样的，我们分别采用 CGD，APCG，CSUM，RCSUM 四种算法对数据进行拟合.

表 4.5 为迭代轮数以及计算时间比较表. 其中 CGD 迭代的轮数最少，但由于算法需要通过 armijo 准则搜索最优步长使得算法复杂度高导致运行时间较长. APCG 的迭代轮数最多加上该算法需要计算较多参数使得计算时间最长. RCSUM 的迭代轮数少于 CSUM 而两者算法复杂度相同，因此 RCSUM 计算时间更短，而较 APCG 及 CGD，RCSUM 算法复杂度更低，因此虽然迭代轮数最多但时间代价仍然最低.

表 4.5　乳腺癌数据迭代轮数及计算时间比较表

	CGD	APCG	CSUM	RCSUM
迭代轮数	28	221	355	304
时间 (min)	0.044	0.077	0.025	0.018

图 4.5 中，左图为 CGD，APCG，CSUM 以及 RCSUM 分别拟合乳腺癌数据的目标函数下降路径图. 其中 RCSUM 最快达到收敛点并且最优间隙能达到 10^{-12}，而 CSUM 在初期函数值下降速度最快, 但在最优间隙约为 10^{-5} 即收敛点附近的下降速度变慢，而 CGD 达到的精度最高但花的时间较长. 右图为基于 RCSUM 算法的正则化路径图，我们构建了一个含有 100 个从 $\lambda_{\max}$ 降至 $\lambda_{\min}$ 正则化参数序列，其中 $\lambda_{\max} = \dfrac{1}{N}\max_j |\langle x_j, y\rangle|$[19]，$\lambda_{\min} = 0.001\lambda_{\max}$. 可以看到，正则化参数越

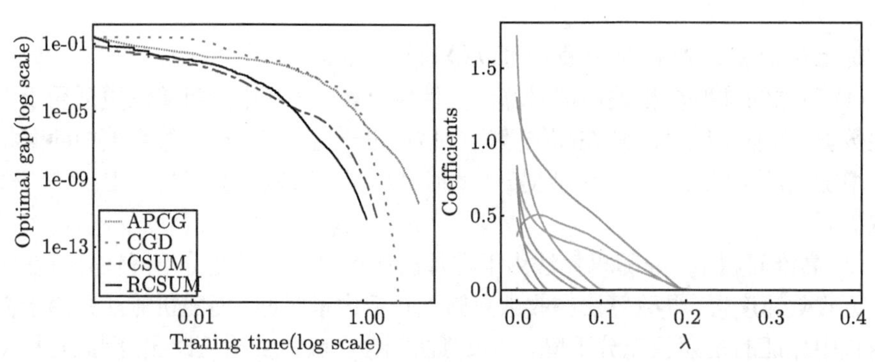

图 4.5　左图为通过 CGD, APCG, CSUM, RCSUM 算法拟合乳腺癌数据的目标函数下降路径图，此时 x 轴与 y 轴均取对数尺度. 右图基于 RCSUM 算法的正则化路径图，从 $\lambda_{\min}$ 至 $\lambda_{\max}$ 选取了 100 个正则化参数，其中 x 轴为 λ 取值，y 轴为参数估计值

大，估计系数就被压缩得越小或者直接为零，在实际应用中我们通常采用 k 折交叉验证的方式在正则化路径上选出最优的 λ.

4.5 总　　结

我们提出了一种持续上界坐标下降的随机算法以解决非光滑凸问题 (4.2). 可以将该算法称为 CSUM 算法 [22] 的一种随机版本. RCSUM 在迭代过程中将优化原问题转化为了优化其上界函数，特别的，当我们选取一个二次函数作为光滑项的上界函数时，原问题就转化为了 lasso 问题，而采用坐标下降法解 lasso 时每一步都有闭式解，因此提高了计算效率. 并且，我们还证明了该算法在期望意义下的线性收敛率.

为了能够得到高效的解决 ℓ_1 范数正则化逻辑回归的算法，我们分别通过非随机算法 CGD[21]、CSUM[22]，随机算法 RCSUM 以及随机加速算法 APCG[26] 解决该问题. 实验表明随机算法在大规模问题上表现更好. 通过模拟实验发现，对于正常的数据，每迭代一轮花费的代价越低的算法表现越好. 当数据出现病态时，随机算法在高相关性数据下表现更好, 而非随机算法更适用于高维且相关性较低的数据，也就是说维数与相关性都能对算法产生影响. 无论数据的维数高与否，都出现了数据病态程度越高，随机算法较非随机算法表现越好的现象.

未来的研究包括进一步发现按随机排序方式迭代的随机算法优于按随机抽样方式迭代的随机算法的原因，以及针对非光滑凸问题提出一个基于将问题转化为优化上界函数思想的随机加速算法, 以得到一个计算复杂度更低的随机加速算法.

第5章　并行坐标下降

5.1　引　　言

考虑一个非光滑凸复合函数极小化问题 $f(x)$

$$\begin{aligned} \min f(x) = g(x) + h(x) &\triangleq g(x_1, \cdots, x_K) + \lambda \sum_{i=1}^{K} h_i(x_i) \\ \text{s.t. } x_i &\in X_i \end{aligned} \tag{5.1}$$

在问题 (5.1) 中，$(x_1, \cdots, x_K)$ 表示优化变量 x 的预定义划分，其中 $x_i \in X_i \subset \mathbb{R}^{n_i}$ 以及 $\sum_{i=1}^{K} n_i = n$；$X = X_1 \times \cdots \times X_K$ 为 x 的一个可行划分. $g(x)$ 是连续可导且块凸的，即 $g(x_1, \cdots, x_K)$ 基于 $x_i, i = 1, 2, \cdots, K$ 是凸的 (特别地, 当 $g(x)$, $x \in X$ 凸，$g(x)$ 则为块凸的)，$h(x)$ 凸且可分但不一定是可导的.

问题 (5.1) 涵盖了各个领域中的应用问题，比如在机器学习及统计学中就被集中研究 [11, 15, 29]. 在之前的工作中，块坐标下降法 (BCD) 及其变种算法的一系列算法都对此有极大的兴趣 [21, 22, 24, 30]. 所提及算法皆属于迭代方法，它们在每一步迭代中通过近似或精确的极小化选取的变量得到新的迭代值而固定其余变量. 基于 $g(x), h(x)$ 的假设以及通过不同的块选取准则, 我们可以得到不同的收敛结论. 以下为简要总结的一些相关工作.

5.1.1　相关工作

解决问题 (5.1) 有两种主流的方式. 一种是在每一步迭代中精确的极小问题，另一种是近似的极小化问题，而这两种方式都倾向于使用 Gauss-Seidel 更新策略. 具体来说，在更新每一个块时，Gauss-Seidel 方法固定其余块从而得到最新解. Jacobi 更新策略则被应用得稍少. 在更新每个块时 Jacobi 方法固定其余块而从上一轮估计得到解. 循环准则、最大块改进准则以及随机准则这些块的选取准则都被广泛地应用 [21, 22].

对于准确极小化，Luo 和 Tseng 在一些假设下提出了局部线性收敛速率 [31]. Tseng 证明了在特定条件下不可导函数的收敛性 [32]. 然而，在每一步迭代中采用精确极小化的方式可能会导致在理论上难以处理或在数值上不可行，因此近期大量的工作都集中在非精确极小化上. 当 $h(x) := 0$ 时，结合不同的步长选择准则的 (块) 坐标下降法被广泛应用. 比如，Beck 和 Tetruashvili 给出了针对强 (一般) 凸优化问题的全局收敛速率 [33]. 当不可导部分 $h(x)$ 存在时，找到光滑部分的一个上界 $\tilde{g}(x)$ 而保持非光滑部分 $h(x)$ 不变是一种常用的近似方法 (如文献 [27]). 非精确极小化问题的更一般及统一的方式可以参考文献 [21, 22]. 对于非光滑可分凸函数 Hong et al. 提出对于选取的块在每一步迭代中都去极小化其上界函数并证明了该方法的收敛速率是次线性的. 而 Tseng 与 Yun 通过结合 Armijo 准则与二次近似函数优化非光滑可分凸函数，并证明了该方式的收敛速率是线性的 [21]. 通常在一些温和的假设和条件下，一般凸以及强凸的函数结合决定性的或随机的块选取准则在非精确极小化策略下分别能够达到次线性和线性的收敛速率.

上述工作中的许多数值实验揭示了 BCD 式的算法在实际应用中的表现更令人满意 [19, 24, 25, 34]. BCD 式算法广受欢迎的原因主要有两个. 一方面是该方法将高维优化问题分离成低维优化问题并且通常只采用一阶信息，这使得在每一步迭代中计算及存储代价都可以被有效降低. 另一方面，该方法与问题维数成正比，比如 Shai Shalev-Shwartz 以及 Ambuj Tewari 证明了实现 (期望) 精确度 ε 所需的迭代次数随着变量的数量以及训练样本的数量线性增长.

5.1.2 动机

现存的每次在一个处理器上只优化一块的顺序 BCD 式算法已经无法再加速，因为 Nesterov已经证明了在只使用梯度以及函数估计时收敛速率最多只能达到 $O\left(\frac{1}{k^2}\right)$. 与此同时，Nesterov 还声称当变量的数量巨大时，他提出的加速法并不能高效的实施 [25]. 而随着数据收集和存储方面取得的重大进展，对可扩展优化算法有着迫切的需求. 许多高效的算法 (比如文献 [21]) 随着问题维数的升高可扩展性变差.

由于 BCD 式算法无法达到更快的收敛速率，多核计算平台的高性能似乎成为加速算法的最后希望. 值得庆幸的是，如今软件方面已经有了巨大的改进，多核电脑的使用促使研究更加高效. 随着丰富的计算资源以及强大的软件的接入，我们可以同时优化多块以节省运行时间. 因此我们转为研究 BCD 式算法的并行版本.

正如 Wright 所说，有两种常用的并行策略文献 [24]，一种是同步并行文献 [29, 34, 35]，另一种是异步并行文献 [36]. 在此，我们仅集中研究同步并行的情况.

5.1.3 贡献

受文献 [22, 37, 38] 启发，本章提出了一种并行连续上逼近极小化 (PSUM) 算法及其随机版本 (RPSUM). 该工作的贡献如下.

(1) 大多数顺序 BCD 式算法都结合 Gauss-Seidel 更新策略以及确定的或随机

的块选取准则 [22]，少量的收敛性分析是基于 Jacobi 更新的. 然而，同步设置下的并行 BCD 式算法必须应用 Jacobi 更新策略. 我们证明了通过 PSUM 优化凸问题的收敛速率为 $O\left(\frac{1}{k}\right)$.

(2) 与文献 [34, 35] 中提到的算法不同，我们的算法采用了普遍的近似函数，而这些算法可以看作其特例. 与此同时，极小化近似函数本质上比解决原函数更简单. 并且在文献 [35] 中，当特征高度相关时算法就会并行失败. 但我们的算法可以处理这一问题并完成完全并行，即当变量高度相关时我们仍可以同时更新 K 块.

(3) 我们发现 PSUM 算法背后的思想与文献 [29] 中的算法相似. 但我们的工作在三个方面体现出了差异. 第一，PSUM 是一种参数自由的方法 (参见 5.3 节末注释)，即我们不需要通过选取步长以保证算法的收敛性. 相反的，文献 [29] 中的算法则需要微调步长. 第二，基于近似函数的假设比文献 [29] 中提到的更宽松. 第三，由于我们充分利用了 Jacobi 更新策略，所采用的证明技巧也不同.

(4) 当面临高维问题时，由于我们通常不具有足够的处理器，同时优化所有块似乎是不切实际的. 因此我们设计了 RPSUM，该算法同时优化随机选取的 p 个块其中 p 与所拥有的处理器的数量一致. 另外，许多文献都表明随机选取块的准则胜过决定性准则 [24].

本章剩余部分安排如下. 5.2 描述了 PSUM 以及 RPSUM 算法以及必要的假设. 算法的收敛性分析及算法收敛速率的证明在 5.3 中展示. 在 5.4 中，我们将算法应用到 ℓ_1 正则化逻辑回归上并给出了数值结果.

5.2 PSUM 以及 RPSUM 算法

5.2.1 预备知识

简便起见，我们首先介绍一些辅助变量.

(1) $x_{-i} = (x_1, \cdots, x_{i-1}, x_{i+1}, \cdots, x_K), \quad i = 1, 2, \cdots, K$

$$\nabla\left(\sum_{i=1}^{K} g(.,x_{-i})\right)\Bigg|_x = \nabla g(x) \tag{5.2}$$

$$\nabla\left(\sum_{i=1}^{K} g(x_i,.)\right)\Bigg|_x = (K-1)\nabla g(x) \tag{5.3}$$

(2) $\xi_i^k \in \partial(h_i(.)|_{x_i^k})$，其中 $\partial(h_i(.)|_{x_i^k})$ 表示 $h_i(.)$ 在 x_i^k 处的次梯度.

$\nabla\big(\sum_{i=1}^{K} g(.,x_{-i})\big)\big|_x$ 似乎看起来不那么显然. 若我们定义一个排列矩阵 U，其

划分为 $U=[U_1,\cdots,U_K]$，其中 $U_i\in\mathbb{R}^{n\times n_i}$ 使得

$$x=\sum_{i=1}^{K}U_ix_i\quad x_i=U_i^Tx,\quad i=1,2,\cdots,n.$$

那么 $\nabla\big(\sum_{i=1}^{K}g(.,x_{-i})\big)\big|_x$ 等价于 $\nabla_ig(x)$，其中 $\nabla_ig(x)$ 为 g 在 x_i 处的偏导数.

5.2.2 主要假设

假设 $f(x)$ 在 $\mathbb{R}^n$ 中为一恰当的闭凸函数，令 $dom\ f$ 表示 $f(x)$ 的有效值域，令 $\text{int}(dom\ f)$ 为 $dom\ f$ 的内部，我们假设 $dom\ f\cap X\neq\varnothing$. 此外，我们关于问题 (5.1) 中的 $f(x)$ 做出一些假设.

假设 A

问题 (5.1) 的全局最小点可以在 $\mathbb{S}$ 中达到. 存在一个有限的 R 使得由 x^0 定义的 $f(.)$ 的水平集有界，即

$$\max_{x\in\mathbb{S}}\max_{x}\{||x-x^*||:f(x)<f(x^0)\}\leqslant R$$

接下来我们假设我们选取的近似函数 $u_i(,;x)$ 满足

假设 B

(1) $u_i(x_i;x)=g(x),\quad\forall x\in X,\forall i\in\{1,2,\cdots,K\}$;

(2) $u_i(v_i;x)\geqslant g(v_i,x_{-i}),\quad\forall x\in X,x_i\in X_i,\forall i\in\{1,2,\cdots,K\}$;

(3) $\nabla u_i(x_i;x)=\nabla_ig(x),,\quad\forall x\in X,\forall i\in\{1,2,\cdots,K\}$;

(4) $u_i(.;x)$ 关于第二个参数有连续的 Lipschiz 梯度，即对于任何 $x,y\in X$,

$$||\nabla u_i(.;x)-\nabla u_i(.;y)||\leqslant G_i||x-y||$$

定义 $G_{\max}=\max\limits_i G_i$.

在不造成混淆的情况下，我们根据文献 [22] 称满足假设 B 的 $u_i(.;x)$ 为上–近似函数.

5.2.3 PSUM 算法

PSUM 算法的正式描述如下. 我们通过 Jacobi 更新策略并行化 BCD 算法，这指的是算法 7 中的步骤 (6). 首先，我们选取一个可行的初始点 $x^0\in X$ 并给出一个常数 c，这个步骤对算法收敛至关重要, 我们在之后将介绍其选取方法. 接下来在每一步迭代中，PSUM 同时更新 K 个块. 直到达到一些条件, 算法将终止. 关键的更新准则背后的直观意义有三点：

(1) 通过 $u_i(z_i;x)$ 近似光滑部分 $g(x)$;

(2) 保持非光滑部分 $h_i(z_i)$ 不变;

(3) 通过一个二次部分 $c||z_i - x_i||^2$ 来保证收敛性.

当 n 极大时而 K 相对小时，由于有可能提供 K 个处理器，该算法能够达到全并行.

算法 7 PSUM for Problem (5.1)

1. **Initialization**
2. $k \leftarrow 0$
3. **Consider** $x_i^0 \in X^i$**, for all** $i = 1, 2, \cdots, K$
4. **while not converged do**
5. **In parallel on** ith **processor**$(i = 1, 2 \cdots, K)$
6. $x_i^{k+1} \leftarrow \arg\min_{z_i \in X_i} u_i(z_i; x^k) + \lambda h_i(z_i) + c||z_i - x_i^k||^2$
7. $k \leftarrow k + 1$
8. **end while**

5.2.4 RPSUM 算法

然而，当 K 足够大时，比如当我们实行坐标下降法时，K 则等于变量的个数，而在基因领域中变量的个数是巨大的. 在这些情况下仅仅由于难以获得足够数量的处理器导致我们可能并不能达到全并行. 因此我们提出了轻微改进块选取准则的 RPSUM. 对于 PSUM，我们首先选取一个合适的初始点 $x^0 \in X$ 并给出一个常数 c. 那么在 $t+1$ 次迭代中，算法 8 将均匀的从 $\{1, 2, \cdots, K\}$ 中独立的选取 $p < K$ 个坐标，这些选取出的坐标形成集合 S_{t+1}.①以 S_{t+1} 索引的块并行更新，而其余块保持固定. 满足一些条件之后，算法终止.

算法 8 PSUM for Problem (5.1)

1. **Initialization**
2. $t \leftarrow 0$
3. **Consider** $x_i^0 \in X^i$**, for all** $i = 1, 2, \cdots, K$
4. **while** not converged **do**
5. **In parallel on each of** p **processors**
6. Choose $i \in \{1, 2, \cdots, K\}$ uniformly at random
7. $x_i^{t+1} \leftarrow \arg\min_{z_i \in X_i} u_i(z_i; x^t) + \lambda h_i(z_i) + c||z_i - x_i^t||^2$
8. For those coordinates(js) that are not chosen, $x_j^{t+1} \leftarrow x_j^t$
9. $k \leftarrow k + 1$
10. **end while**

RPSUM 似乎不那么高效，因为在迭代 $t+1$ 中，$K - p$ 块保持不变. 但是这其实是一种折中，因为当 K 非常大时我们可能无法使用 K 个处理器.

① 为了便于理解，我们使用 t 代替 k 作为迭代次数.

5.3 PSUM 以及 RPSUM 的收敛性分析

在本节我们提出了 PSUM 的收敛性分析的证明细节，RPSUM 的证明与其相似，因此只有一些不同处会被明确地提出.

5.3.1 PSUM 的收敛性分析

性质 5.1 设假设 B 成立, 那么对于所有 $x, y, z \in X$ 其中 $x = (x_1, \cdots, x_K), y = (y_1, \cdots, y_K), z = (z_1, \cdots, z_K)$,

$$\left\| \nabla\left(\sum_{i=1}^{K} u_i(.;x)\right)\bigg|_z - \nabla\left(\sum_{i=1}^{K} u_i(.;y)\right)\bigg|_z \right\| \leqslant \sqrt{K} G_{max} ||x-y|| \tag{5.4}$$

证明

$$\begin{aligned}
\left\| \nabla\left(\sum_{i=1}^{K} u_i(.;x)\right)\bigg|_z - \nabla\left(\sum_{i=1}^{K} u_i(.;y)\right)\bigg|_z \right\| &= \left\| \sum_{i=1}^{K} \left(\nabla u_i(.;x) - \nabla u_i(.;y)\right)\Big|_z \right\| \\
&= \left\| \begin{pmatrix} \nabla u_1(z_1;x) - \nabla u_1(z_1;y) \\ \vdots \\ \nabla u_K(z_K;x) - \nabla u_K(z_K;y) \end{pmatrix} \right\| \\
&= \sqrt{\sum_{i=1}^{K} ||\nabla u_i(z_i;x) - \nabla u_i(z_i;y)||^2} \\
&\leqslant \sqrt{K} G_{max} ||x-y||
\end{aligned} \tag{5.5}$$

由假设 B(4) 最后一个不等式成立. □.

性质 5.2 设假设 B 成立, 那么由算法 7 生成的序列 $\{x^k\}$ 满足

$$(x^{k+1} - x^k)\nabla g(x^{k+1}) \leqslant (\sqrt{K} G_{max} - 2c)||x^{k+1} - x^k||^2 + \lambda(h(x^k) - h(x^{k+1})) \tag{5.6}$$

证明 考虑问题

$$\tilde{x}^{k+1} \leftarrow \arg\min_{z \in X} \sum_{i=1}^{K} \{u_i(z_i; x^k) + \lambda h_i(z_i) + c||z_i - x_i^k||^2\} \tag{5.7}$$

由 (5.7) 的可分结构有 $\tilde{x}^{k+1} = x^{k+1}$. 由 x^{k+1} 的最优性可导出

$$(x^k - x^{k+1})^T \nabla \left(\sum_{i=1}^{K} \{u_i(z_i; x^k) + \lambda h_i(z_i) + c||z_i - x_i^k||^2\}\right) \Big|_{z=x^{k+1}} \geqslant 0 \tag{5.8}$$

在 (5.8) 上的简单变换可以得到

$$\begin{aligned}0 &\leqslant (x^k - x^{k+1})^T\big[\nabla\big(\sum_{i=1}^K u_i(z_i;x^k)\,\big)\big|_{z=x^{k+1}}\big]\\&\quad+\lambda(x^k - x^{k+1})^T\xi^{k+1} - 2c||x^{k+1} - x^k||^2\\&\leqslant (x^k - x^{k+1})^T\big[\nabla\big(\sum_{i=1}^K u_i(z_i;x^k)\,\big)\big|_{z=x^{k+1}}\big]\\&\quad+\lambda[h(x^k) - h(x^{k+1})] - 2c||x^{k+1} - x^k||^2\end{aligned} \tag{5.9}$$

其中 $\xi^{k+1} \in \partial h(x^{k+1})$. 由次梯度的定义最后一个不等式成立

$$h(x^k) - h(x^{k+1}) \geqslant (x^k - x^{k+1})^T\xi^{k+1}$$

将 $(x^{k+1} - x^k)^T\big[\nabla\big(\sum_{i=1}^K u_i(z_i;x^{k+1})\,\big)\big|_{z=x^{k+1}}\big]$ 加到 (5.9) 的两边

$$\begin{aligned}&(x^{k+1} - x^k)^T\big[\nabla\big(\sum_{i=1}^K u_i(z_i;x^{k+1})\,\big)\big|_{z=x^{k+1}}\big]\\&\leqslant -2c||x^{k+1} - x^k||^2 + \lambda[h(x^k) - h(x^{k+1})]\\&\quad-(x^{k+1} - x^k)^T\big[\nabla\big(\sum_{i=1}^K u_i(z_i;x^k)\,\big)\big|_{z=x^{k+1}} - u_i(z_i;x^{k+1})\,\big)\big|_{z=x^{k+1}}\big]\end{aligned} \tag{5.10}$$

将 (5.4) 插入 (5.10) 并利用 Cauchy-Schwartz 不等式有

$$\begin{aligned}(x^{k+1}-x^k)^T\nabla g(x^{k+1}) &= (x^{k+1}-x^k)^T\left[\nabla\left(\sum_{i=1}^K u_i(z_i;x^{k+1})\right)|_{z=x^{k+1}}\right]\\&\leqslant (\sqrt{K}G_{max}-2c)||x^{k+1}-x^k||^2+\lambda[h(x^k)-h(x^{k+1})]\end{aligned} \tag{5.11}$$

□

引理 5.1(充分下降性)　设假设 A 和 B 成立, 那么由算法 7 生成的 $\{x^k\}$ 满足

$$f(x^{k+1}) \leqslant f(x^k) - \gamma||x^{k+1} - x^k||^2 \tag{5.12}$$

其中 $K\gamma = \big[c - (K-1)(\sqrt{K}G_{\max} - 2c)\big] > 0$ 以及 $c > \dfrac{K-1}{2K-1}\sqrt{K}G_{\max}$.

证明　由 x_i^{k+1} 的定义可以导出

$$\sum_{i=1}^K u_i(x_i^{k+1};x^k) + \lambda h(x^{k+1}) + c||x^{k+1} - x^k||^2 \leqslant \sum_{i=1}^K u_i(x_i^k;x^k) + \lambda h(x^k) \tag{5.13}$$

由 $u_i(.;x)$ 的假设有

(a) $u_i(v_i;x) \geqslant g(v_i, x_{-i}) \qquad \forall v_i \in X_i, x \in X, i = 1, 2, \cdots, K$

(b) $u_i(x_i;x) = g(x_i, x_{-i}) \qquad \forall x \in X, i = 1, 2, \cdots, K$

因此将 (a),(b) 插入 (5.13) 并将其进行重排可以得到

$$\begin{aligned}\sum_{i=1}^{K} g(x_i^{k+1}, x_{-i}^k) + \lambda h(x^{k+1}) &\leqslant \sum_{i=1}^{K} g(x_i^k, x_{-i}^k) + K\lambda h(x^k) - c||x^{k+1} - x^k||^2 \\ &= Kg(x^k) + \lambda h(x^k) - c||x^{k+1} - x^k||^2 \end{aligned} \tag{5.14}$$

由 $\sum_{i=1}^{K} g(x_i^{k+1}, .)$ 的凸性有

$$\begin{aligned}\sum_{i=1}^{K} g(x_i^{k+1}, x_{-i}^k) &\geqslant \sum_{i=1}^{K} g(x_i^{k+1}, x_{-i}^{k+1}) + (x^k - x^{k+1})^T \nabla \big(\sum_{i=1}^{K} g(x_i^{k+1}, .) \big)\big|_{x^{k+1}} \\ &= Kg(x^{k+1}) + (K-1)(x^k - x^{k+1})^T \nabla g(x^{k+1}) \end{aligned} \tag{5.15}$$

结合 (5.11),(5.14),(5.15) 有

$$\begin{aligned}&Kg(x^{k+1}) + \lambda h(x^{k+1}) \\ &\leqslant Kg(x^k) + \lambda h(x^k) - c||x^{k+1} - x^k||^2 + (K-1)(x^{k+1} - x^k)^T \nabla g(x^{k+1}) \\ &\leqslant Kg(x^k) + \lambda h(x^k) + (K-1)\lambda[h(x^k) - h(x^{k+1})] \\ &\quad + \big[-c + (K-1)(\sqrt{K}G_{\max} - 2c)\big]||x^{k+1} - x^k||^2 \end{aligned} \tag{5.16}$$

重新排列 5.16 可得

$$Kg(x^{k+1}) + K\lambda h(x^{k+1}) \leqslant Kg(x^k) + K\lambda h(x^k) + \big[-c + (K-1)(\sqrt{K}G_{\max} - 2c)\big]||x^{k+1} - x^k||^2$$

选取 $c > \dfrac{K-1}{2K-1}\sqrt{K}G_{\max}$，我们论证了 (5.12). □

引理 5.2(运行代价估计) 设假设 A 和假设 B 成立那么由算法 7 生成的序列 $\{x^k\}$ 满足

$$f(x^{k+1}) - f(x^*) \leqslant \theta ||x^{k+1} - x^k|| \tag{5.17}$$

其中 $\theta = (G_{\max}K + 2c)R$.

证明

$$\begin{aligned}&f(x^{k+1}) - f(x^*) + 2c(x^{k+1} - x^k)^T(x^{k+1} - x^*) \\ &= g(x^{k+1}) - g(x^*) + h(x^{k+1}) - h(x^*) + 2c(x^{k+1} - x^k)^T(x^{k+1} - x^*) \\ &\leqslant (x^{k+1} - x^*)^T \nabla g(x^{k+1}) + h(x^{k+1}) - h(x^*) + 2c(x^{k+1} - x^k)^T(x^{k+1} - x^*) \\ &= \sum_{i=1}^{K} (x_i^{k+1} - x_i^*)\big[\nabla_i g(x^{k+1}) - \nabla u_i(x_i^{k+1}; x^k)\big] + \sum_{i=1}^{K} (x_i^{k+1} - x_i^*)^T \big[\nabla u_i(x_i^{k+1}; x^k)\big] \\ &\quad + h(x^{k+1}) - h(x^*) + 2c(x^{k+1} - x^k)^T(x^{k+1} - x^*) \end{aligned} \tag{5.18}$$

注意 $x_i^{k+1}=\arg\min_{z_i\in X_i}u_i(z_i;x^k)+\lambda h_i(z_i)+c||z_i-x_i^k||^2$. 由该问题的最优性条件，我们声称存在 $\xi_i^{k+1}\in\partial h_i(x_i^{k+1})$ 使得

$$0\geqslant(x_i^{k+1}-x_i^*)[\nabla u_i(x_i^{k+1};x^k)+\lambda\xi_i^{k+1}+2c(x_i^{k+1}-x_i^k)] \tag{5.19}$$

$$\begin{aligned}&\geqslant(x_i^{k+1}-x_i^*)[\nabla u_i(x_i^{k+1};x^k)]+\lambda[h_i(x_i^{k+1})-h_i(x_i^*)]\\&\quad+2c(x_i^{k+1}-x_i^k)(x_i^{k+1}-x_i^*)\end{aligned} \tag{5.20}$$

鉴于 (5.18) 以及 (5.20) 可以导出

$$\begin{aligned}&f(x^{k+1})-f(x^*)+2c(x^{k+1}-x^k)^T(x^{k+1}-x^*)\\&\leqslant\sum_{i=1}^K(x_i^{k+1}-x_i^*)\big[\nabla_i g(x^{k+1})-\nabla u_i(x_i^{k+1};x^k)\big]\\&=\sum_{i=1}^K(x_i^{k+1}-x_i^*)\big[\nabla u_i(x_i^{k+1};x^{k+1})-\nabla u_i(x_i^{k+1};x^k)\big]\\&\leqslant\sum_{i=1}^K||x_i^{k+1}-x_i^*||\,||\nabla u_i(x_i^{k+1};x^{k+1})-\nabla u_i(x_i^{k+1};x^k)||\\&\leqslant\sum_{i=1}^K G_i||x^{k+1}-x^k||\,||x_i^{k+1}-x_i^*||\\&\leqslant G_{\max}RK||x^{k+1}-x^k||\end{aligned} \tag{5.21}$$

由假设 A 使得最后一个不等式成立. 重新排列 (5.21) 可以得到

$$\begin{aligned}f(x^{k+1})-f(x^*)&\leqslant G_{\max}RK||x^{k+1}-x^k||+2c(x^k-x^{k+1})^T(x^{k+1}-x^*)\\&\leqslant(G_{\max}K+2c)R||x^{k+1}-x^k||\end{aligned} \tag{5.22}$$

定理 5.1　设假设 A 及 B 成立，那么由算法 7 生成的 $\{x^k\}$ 满足

$$\Delta_k=f(x^k)-f(x^*)\leqslant\frac{\alpha}{\sigma}\frac{1}{k},\quad\forall k\geqslant1 \tag{5.23}$$

其中 $\sigma=\gamma/\theta^2$, $\alpha=\max\{f(x^1)-f(x^*),4\sigma-2,2\}$.

证明　由引理 5.1 以及引理 5.2 有

$$\Delta_k-\Delta_{k+1}\geqslant\gamma||x^{k+1}-x^k||^2\geqslant\frac{\gamma}{\theta^2}\Delta_{k+1}^2=\sigma\Delta_{k+1}^2$$

或等价的

$$\sigma\Delta_{k+1}^2+\Delta_{k+1}\leqslant\Delta_k,\forall k\geqslant1 \tag{5.24}$$

由 (5.24) 以及 $\Delta_1 \leqslant \alpha$ 可以导出

$$\Delta_2 = \frac{-1+\sqrt{1+4\sigma\Delta_1}}{2\sigma} < \frac{-1+\sqrt{1+4\sigma\alpha}}{2\sigma} = \frac{2\alpha}{1+\sqrt{1+4\sigma\alpha}} \leqslant \frac{2\alpha}{1+|4\sigma-1|}$$

由 $\alpha \geqslant 4\sigma - 2$ 使得最后一个不等式成立. 我们断言在该点 $\Delta_2 \leqslant \dfrac{\alpha}{2\sigma}$, 这是因为

当 $4\sigma - 1 \geqslant 0$, 那么 $\Delta_2 \leqslant \dfrac{\alpha}{2\sigma}$;

当 $4\sigma - 1 < 0$, 那么 $\Delta_2 \leqslant \dfrac{2\alpha}{2-4\sigma} \leqslant \dfrac{2\alpha}{8\sigma-4\sigma} = \dfrac{\alpha}{2\sigma}$.

现在, 我们认为若 $\Delta_k \leqslant \dfrac{\alpha}{k\sigma}$ 那么以下不等式成立

$$\Delta_{k+1} \leqslant \frac{\alpha}{(k+1)\sigma}$$

从以下事实可以看出

$$\Delta_{k+1} \leqslant \frac{-1+\sqrt{1+\dfrac{4\alpha}{k}}}{2\sigma} = \frac{2\alpha}{k\sigma(1+\sqrt{1+\dfrac{4\alpha}{k}})} \leqslant \frac{2\alpha}{\sigma(k+\sqrt{k^2+4k+1}} = \frac{\alpha}{\sigma(k+1)} \tag{5.25}$$

□

由 $\alpha, k \geqslant 2$ 保证最后一个不等式成立. 因此我们完成了证明.

虽然我们对定理 5.1 的证明过程与文献 [22] 中的证明过程相似，但值得注意的是文献 [22] 采用了 Gauss-Seidel 更新准则，因此我们不能直接从中导出定理 5.1 而需要找到一个新的方式替代. 我们通过首先建立引理 5.1 和引理 5.2 来实现这一点. 其中的证明采用了 Jacobi 更新结构，因此是全新的. 基于引理 5.1 和引理 5.2，定理 5.1 可以被推出.

5.3.2 RPSUM 的收敛性分析

在分析之前，为了便于理解我们首先介绍一些辅助变量. 由于 S_{t+1} 是一个随机指标集，因此实际上有 $q = C_K^p$ 个可能的值，我们将它们记为 $S_{t+1}^j, j = 1, \cdots, q$. 由算法 8 的结构，我们知道 x^t 通过 S_{t+1} 决定 x^{t+1}. 因此 x^{t+1} 有 q 个可能的值. 我们通过设定的函数明确地阐述了上面讨论的这个关系

$$\phi(S_{t+1}^j; x^t) = w_j^{t+1}, j = 1, 2, \cdots, q$$

其中 w_j^{t+1} 表 x^{t+1} 的一个可能的值.

引理 5.3(期望充分下降性) 若假设 B 成立, 那么由算法 8 生成的序列 $\{x_t\}$ 满足,

$$E[f(x^{t+1}) - f(x^t)] \leqslant -\gamma_e E||x^{t+1} - x^t||^2 \tag{5.26}$$

其中 $K\gamma_e = p(\sqrt{K}G_{\max} - 2c) > 0$, $c > \dfrac{1}{2}\sqrt{K}G_{\max}$ 以及 $E[.]$ 基于随机指标集 $S_1, S_2, \cdots, S_t, S_{t+1}$.

证明

$$\begin{aligned}
&E_{S_{t+1}}\left[f(x^{t+1}) - f(x^t)\right] \\
&= E_{S_{t+1}}\left[\frac{1}{p}\sum_{i\in S_{t+1}}\{g(x_i^{t+1}, x_{-i}^{t+1}) - g(x_i^t, x_{-i}^t)\} + \lambda\sum_{i\in S_{t+1}}\{h_i(x_i^{t+1}) - h_i(x_i^t)\}\right] \\
&= \frac{1}{q}\sum_{j=1}^{q}\left[g(w_j^{t+1}) - g(x^t)\right] + \lambda\frac{p}{K}\left[h(\hat{x}^{t+1}) - h(x^t)\right] \\
&\overset{(1)}{\leqslant} \sum_{j=1}^{q}[\left(w_j^{t+1} - x^t\right)^T\nabla g(w_j^{t+1})] + \lambda\frac{p}{K}\left[h(\hat{x}^{t+1}) - h(x^t)\right] \\
&\overset{(2)}{=} \frac{p}{K}(\hat{x}^{t+1} - x^t)\nabla g(\hat{x}^{t+1}) + \lambda\frac{p}{K}\left[h(\hat{x}^{t+1}) - h(x^t)\right]
\end{aligned} \tag{5.27}$$

其中 $\hat{x}_i^{t+1}$ 由算法 7 保证, 即 $\hat{x}_i^{t+1} \leftarrow \arg\min_{z_i\in X_i} u_i(z_i; x^t) + \lambda h_i(z_i) + c||z_i - x_i^t||^2, i = 1, \cdots, K$ 以及 x^t 由 8 保证. 由 $g(.)$ 的凸性, (1) 成立. 对于 (2), 注意到对于更新的坐标 i, x_i^{t+1} 被计数了 C_{K-1}^{p-1} 次以及 $x_i^{t+1} = \hat{x}_i^{t+1}$.

在 (5.27) 的两边关于 $S_1, \cdots, S_t$ 取期望, 可以得到

$$f(\tilde{x}^{t+1}) - f(\tilde{x}^t) \leqslant \frac{p}{K}(\tilde{x}^{t+1} - \tilde{x}^t)\nabla g(\tilde{x}^{t+1}) + \lambda\frac{p}{K}\left[h(\tilde{x}^{t+1}) - h(\tilde{x}^t)\right] \tag{5.28}$$

其中 $\tilde{x}_i^{t+1}$ 由算法 8 保证, 即 $\tilde{x}_i^{t+1} \leftarrow \arg\min_{z_i\in X_i} u_i(z_i; \tilde{x}^t) + \lambda h_i(z_i) + c||z_i - \tilde{x}_i^t||^2, i = 1, \cdots, K$.

由引理 5.2 的结论有

$$(\tilde{x}^{t+1} - \tilde{x}^t)\nabla g(\tilde{x}^{t+1}) \leqslant (\sqrt{K}G_{\max} - 2c)||\tilde{x}^{t+1} - \tilde{x}^t||^2 + \lambda(\tilde{h}(x^t) - h(\tilde{x}^{t+1})) \tag{5.29}$$

□

将 (5.29) 插入 (5.28) 可得

$$\begin{aligned}
E(f(x^{t+1}) - f(x^t)) = f(\tilde{x}^{t+1}) - f(\tilde{x}^t) &\leqslant \frac{p}{K}(\sqrt{K}G_{\max} - 2c)||\tilde{x}^{t+1} - \tilde{x}^t||^2 \\
&= \frac{p}{K}(\sqrt{K}G_{\max} - 2c)E||x^{t+1} - x^t||^2
\end{aligned}$$

备注 我们在这里使用的技术比在引理 5.1 中使用的技术更直接，但它要求我们选取比引理 5.1 更大的 c 来保证序列 $E[f(x^t)]$ 是非增的.

为了继续证明，我们需要对假设 A 稍作修改得到以下假设 C.

假设 C

问题 (5.1) 的全局最小点可以在 $\mathbb{E}$ 上达到，其中该集合的所有元素皆由算法 8 保证. 存在一个有限的 R_e 使得由 x^0 定义的 $f(.)$ 的水平集有界.

$$\max_{x\in\mathbb{E}}\max_{x}\left\{E||x-x^*||^2 : E[f(x)] < f(x^0)\right\} \leqslant R_e^2$$

其中 $E(.)$ 为关于所有变量取的期望.

现在我们给出引理 5.2 的对应部分.

引理 5.4(期望计算代价估计) 若假设 B 和假设 C 成立，那么

$$E[f(x^{k+1})]-f(x^*) \leqslant \theta_e\sqrt{E||x^{t+1}-x^t||^2} \tag{5.30}$$

其中 $\theta_e=(pG_{\max}+2c)R_e$

证明 该证明过程与引理 5.2 的证明过程相似. 这里我们只写出不同的地方. 简单的可以推导出

$$f(x^{t+1})-f(x^*)+2c(x^{t+1}-x^t)^T(x^{t+1}-x^*) \leqslant \sum_{i\in S_{t+1}} G_i||x^{t+1}-x^t||\,||x_i^{t+1}-x_i^*||$$

在 S_{t+1} 的两边取期望并利用 Cauchy-Schwartz 不等式，可以导出

$$\begin{aligned}
&E_{S_{t+1}}\left[f(x^{t+1})-f(x^*)\right] \leqslant E_{S_{t+1}}\{||x^{t+1}-x^t||\sum_{i\in S_{t+1}} G_i||x_i^{t+1}-x_i^*||\}\\
&+E_{S_{t+1}}\{2c(x^t-x^{t+1})^{\mathrm{T}}(x^{t+1}-x^*)\}\\
&\leqslant G_{\max}\sqrt{E_{S_{t+1}}||x^{t+1}-x^t||^2}\sqrt{E_{S_{t+1}}\{\sum_{i\in S_{t+1}}||x_i^{t+1}-x_i^*||\}^2}\\
&+2c\sqrt{E_{S_{t+1}}||x^{t+1}-x^t||^2}\sqrt{E_{S_{t+1}}||x^{t+1}-x^*||^2}\\
&\overset{(1)}{\leqslant} G_{\max}\sqrt{E_{S_{t+1}}||x^{t+1}-x^t||^2}\sqrt{E_{S_{t+1}}\{p\sum_{i\in S_{t+1}}||x_i^{t+1}-x_i^*||^2\}}\\
&+2c\sqrt{E_{S_{t+1}}||x^{t+1}-x^t||^2}\sqrt{E_{S_{t+1}}||x^{t+1}-x^*||^2}\\
&=G_{\max}p\sqrt{E_{S_{t+1}}||x^{t+1}-x^t||^2}\sqrt{E_i||x_i^{t+1}-x_i^*||^2}\\
&+2c\sqrt{E_{S_{t+1}}||x^{t+1}-x^t||^2}\sqrt{E_{S_{t+1}}||x^{t+1}-x^*||^2}\\
&\overset{(2)}{\leqslant}(pG_{\max}+2c)R_e\sqrt{E_{S_{t+1}}||x^{t+1}-x^t||^2}=\theta_e\sqrt{E_{S_{t+1}}||x^{t+1}-x^t||^2}
\end{aligned} \tag{5.31}$$

由于 $(\sum_{i=1}^{n} a_i)^2 \leqslant n\sum_{i=1}^{n} a_i^2$，$a_i \in \mathbb{R}$ 使得不等式 (1) 成立；$E[f(x^{t+1}] \leqslant f(x^0)$(由引理 5.3 导出) 的结论使得 (2) 成立.

在 (5.31) 两边取期望可得

$$E[f(x^{t+1})] - f(x^*) \leqslant E[\theta_e\sqrt{E_{S_{t+1}}||x^{t+1} - x^t||^2}] \leqslant \theta_e\sqrt{E||x^{t+1} - x^t||^2}$$

对于最后一个不等式我们利用了 $E(l(x)) \leqslant l(E(x))$，若 $l(x)$ 是凹的. 因此我们完成了证明. □

由定理 5.1 导出的结论，我们可以得到以下定理.

定理 5.2 若假设 B 和假设 C 成立，那么由算法 8 生成的序列 $\{x^t\}$ 满足，

$$\Delta_t = E[f(x^t) - f(x^*)] \leqslant \frac{\alpha_e}{\sigma_e}\frac{1}{t}, \quad \forall t \geqslant 1 \tag{5.32}$$

其中 $\sigma_e = \gamma_e/\theta_e^2$, $\alpha_e = \max\{E[f(x^1)] - f(x^*), 4\sigma_e - 2, 2\}$.

备注 由于在收敛性分析中只要假设 B 成立，则并不需要一个具体的 c，PSUM 以及 RPSUM 都声称是参数自由的. 当 c 足够大时收敛结果成立. 然而在数值实验中，需要给出 Lipschitz 常数 $G_{\max}$. 在一个情况下，如我们在实验中采用的方法，Lipschitz 常数可以通过计算 Hessian 阵的最大特征值得到. 在其他的情况中，有一些数值方法可以找到 Lipschitz 常数的合理估计，比如文献 [25] 中提到的方法.

5.4 应 用

在本章，我们将通过 RPSUM 解决正则化逻辑回归问题. 假设我们有 N 对观测 (x_i, y_i)，其中 $x_i \in \mathbb{R}^p$ 为预测变量，$y_i \in \mathbb{R}$ 为因变量. 不失一般性的，我们假设 x_{ij} 是标准化的，即 $\sum_{i=1}^{N} x_{ij} = 0, \dfrac{1}{N}\sum_{i=1}^{N} x_{ij}^2 = 1$，对 $j = 1, 2, \cdots, p$. 并且因变量 y_i 在 $\{0, 1\}$ 中取值.

逻辑回归模型通过预测变量的线性函数来表示所有对 (x_i, y_i) 的类别条件概率.

$$\begin{aligned} P(y_i = 0|x_i) &= \frac{1}{1 + \mathrm{e}^{-(\beta_0 + x_i^{\mathrm{T}}\beta)}} \\ P(y_i = 1|x_i) &= \frac{1}{1 + \mathrm{e}^{(\beta_0 + x_i^{\mathrm{T}}\beta)}} \end{aligned} \tag{5.33}$$

其中 $\beta \in \mathbb{R}^p, \beta_0 \in \mathbb{R}$. 等价的，(5.33) 表示

$$\frac{P(y_i = 0|x_i)}{P(y_i = 1|x_i)} = \beta_0 + x_i^{\mathrm{T}}\beta \tag{5.34}$$

为了找到合适的 β_0, β，极大对数似然函数是一个常用的策略.

$$\ell(\beta_0, \beta) = \sum_{i=1}^{N}[y_i(\beta_0 + x_i^{\mathrm{T}}\beta) - ln(1 + \mathrm{e}^{\beta_0 + x_i^{\mathrm{T}}\beta})] \tag{5.35}$$

该函数是一个参数为 β_0, β 的凹函数.

ℓ_1 正则化逻辑回归就是极大化带 ℓ_1 惩罚项的对数似然函数.

$$\max_{(\beta_0,\beta)\in\mathbb{R}^{p+1}} \quad \ell(\beta_0,\beta) - \lambda|\beta|_1 \tag{5.36}$$

问题 (5.36) 与以下的极小化问题等价

$$\min_{(\beta_0,\beta)\in\mathbb{R}^{p+1}} \quad f(\beta_0,\beta) \quad = -\frac{1}{2N}\ell(\beta_0,\beta) + \lambda|\beta|_1 \triangleq g(\beta_0,\beta) + h(\beta_0,\beta) \tag{5.37}$$

由于 $\ell(\beta_0,\beta)$ 是凹的，因此 $f(\beta_0,\beta)$ 是凸的，因此可以应用算法 7 以及算法 8.

5.4.1 RPSUM 解 ℓ_1 范数正则化逻辑回归

为了解决问题 (5.37)，我们首先需要将 $(\beta_0,\beta)\in\mathbb{R}^{p+1}$ 划分到 $p+1$ 个坐标 (块) 中，即 $(\beta_0,\beta) = (\beta_0,\beta_1,\cdots,\beta_p)$，那么 $u_j(.;\beta_0,\beta)$ 的具体形式为

$$\begin{aligned} u_j(z_j;\beta_0,\beta) = g(\beta_0,\beta) + (z_j-\beta_j)\nabla_j g(\beta_0,\beta) + \frac{L}{2}(z_j-\beta_j)^2, \\ j = 0,1,2,\cdots,p \end{aligned} \tag{5.38}$$

由于 $\nabla^2 g(\beta_0,\beta_p)$ 的最大特征值 $\lambda_{\max}(\nabla^2 g(\beta_0,\beta_p))$ 小于等于 $\dfrac{1}{4}$，因此我们设 (5.38) 中的 L 等于 $\dfrac{1}{4}$. 接下来，我们深入到算法 7 和算法 8 的核心. 由于问题 (5.37) 的形式，我们可以解决其低维问题

$$\begin{aligned} &\min_{z_j\in\mathbb{R}} \ u_j(z_j;\beta_0,\beta) + \lambda|z_j| + c\|z_i-\beta_j\|^2 \\ &= (z_j-\beta_j)\nabla_j g(\beta_0,\beta) + \left(\frac{1}{8}+c\right)(z_j-\beta_j)^2 + \lambda|z_j| \quad j = 1,2,\cdots,p \end{aligned} \tag{5.39}$$

由于该问题是一个 lasso 形式的问题因此可以得到闭式解. 当 $j=0$ 时，上式 (5.39) 则变为了一个简单的二次优化问题，可以转化为以下形式

$$\min_{z_0\in\mathbb{R}} (z_0-\beta_0)\nabla_0 g(\beta_0,\beta) + (\frac{1}{8}+c)(z_0-\beta_0)^2 \tag{5.40}$$

其中 $\nabla_0 g(\beta_0,\beta)$ 是关于 β_0 的偏导数. 解决 (5.39) 等价于解决

$$\min_{z_j\in\mathbb{R}} \left(\frac{1}{8}+c\right)z_j^2 + m_j z_j + \lambda|z_j|, \quad j = 1,2,\cdots,p$$

因此

$$z_j = \begin{cases} \dfrac{-m_j-\lambda}{2\left(\dfrac{1}{8}+c\right)}, & m_j<0, |m_j|>\lambda \\ \dfrac{-m_j+\lambda}{2\left(\dfrac{1}{8}+c\right)}, & m_j>0, |m_j|>\lambda, \qquad j = 1,2,\cdots,p \\ 0, & \text{其他} \end{cases}$$

其中 $m_j = \nabla_j f(\beta_0, \beta) - 2\left(\frac{1}{8}+c\right)\beta_j$. 对于 (5.40)，通过简单的计算可以得到

$$z_0 = \frac{-m_0}{2\left(\frac{1}{8}+c\right)}.$$

我们给出一个解决 ℓ_1 正则化逻辑回归伪代码 (见算法 9)

算法 9 RPSUM for Logistic Regression with ℓ_1 regularization

1. **Initialization**
2. $t \leftarrow 0$
3. Set $\beta_0 = 0, \beta = 0_p$,where 0_p represent a p dimension vector whose elements are all 0.
4. **while** not converged **do**
5. **In parallel on** q **processors**
6. Choose $j \in \{0, 1, 2, \cdots, p\}$ uniformly at random
7. $\beta_j^{t+1} \leftarrow z_j^t$, where z_j^t are defined as above but use β_0^t, β^t where appropriate.
8. For those coordinates(js) that are not chosen, $\beta_j^{t+1} \leftarrow \beta_j^t$
9. $t \leftarrow t+1$
10. **end while**

5.4.2 实验

在本节，我们将给出通过我们所提出的算法解决 ℓ_1 正则化逻辑回归在真实数据以及模拟数据上的表现. 我们对数值实验的方式做了一些重要的陈述.

(1) 在 Intel Xeon 机器上实验. 所有的代码在 Python 上运行，多处理库用于并行计算.

(2) 我们记下界 $\frac{1}{2}\sqrt{K}G_{\max}$为 $\bar{c}$，为了保证理论上的收敛，我们设 $c = \bar{c}(1+0.01)$.

(3) 我们对我们的算法稍作修改，以解决不可避免的通信开销 [39]. 在一次迭代中，我们依次更新每个处理器上的 40 个标量变量. 我们仍然将它作为一种并行更新 q(可用处理器数量) 个变量的方法. 更具体地说，如果我们有 4 线程可用，那么在每次迭代中，我们将更新 160 个标量变量，每个处理器处理 40 个标量变量. 至于如何为每个处理器分配这 40 个标量变量，我们使用两条规则. 一个是对应于 PSUM 的循环规则，而另一个是代表 RPSUM 的随机规则.

(4) 为了使我们的结果有竞争力，在程序中我们设 $q = 1$ 表示串口对应.

1. 真实数据

我们采用 Leukemia [40] 来进行数值实验，该数据是一个通过 AML 以及 ALL 表示白血病类型的二分类数据. 我们采用文献 [19] 中对数据的预处理方式. 结果在图 5.1 中展示.

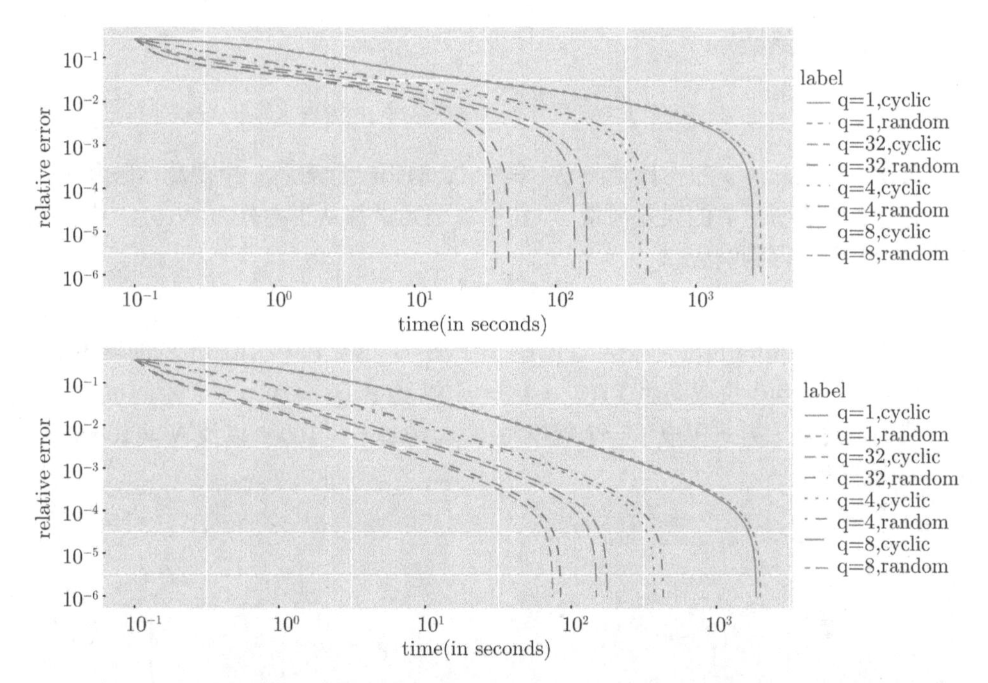

图 5.1　在不同的正则化程度下的 RPSUM 以及 PSUM 的表现对比. 上方的图表示 $\lambda = 10^{-2}$ 时在强正则化下的表现，相对的下方的图表示 $\lambda = 10^{-6}$ 时的表现

y 轴表示相对误差，其定义为 $f(x^{t+1}) - f^*$. 显然，随着可用的处理器数量的增加，我们可以获取一个近线性的加速. 同时，每种方法的数据访问数量几乎相同，因此比较是公平的. 值得注意的是在文献 [29] 中提到的不愉快的现象并不会在这组实验中出现，这表示我们可以声称，拥有越多的处理器就可以节省越多的时间.

表 5.1　不同 q 下 Leukemia 数据集的数据访问数量

Methods	$\lambda = 10^{-2}$	$\lambda = 10^{-6}$
q=1,cyclic	2410880	1760880
q=1,random	2502640	1761320
q=4,cyclic	2401600	2254080
q=4,random	2399520	2253440
q=8,cyclic	2387200	2486720
q=8,random	2390400	2489920
q=32,cyclic	22627840	2728960
q=32,random	2659840	2731520

2. 模拟数据

我们根据文献 [19] 中的描述建立模拟体系

首先，生成系数

$$\beta_j = (-1)^j e^{(\frac{2(j-1)}{20})}, j = 1, 2, \cdots, p.$$

其次，生成 $n \times p$ 的设计矩阵 X. 其中 X 的每一行表示一个观测，记为 x_i.

再次，生成 $n \times 1$ 的误差向量 ε，其中每个元素都从正态分布 $N(0,1)$ 中得到. 结合 X 以及 β 得到响应 Z

$$Z = X\beta + \varepsilon.$$

最后，定义 $p_i = 1/(1+\exp(-Z[i]), i = 1, 2, \cdots, N$，其中 $Z[i]$ 是 Z 的第 i 个元素. 并且，通过 $Z[i]$ 生成满足 $\Pr(y_i = 1) = p_i$ 以及 $\Pr(y_i = 0) = 1 - p_i$ 的 y_i.

我们通过以上方式生成了一个规模为 $N = 1000, p = 10000$ 以及 $N = 10000, p = 1000$ 的数据集.

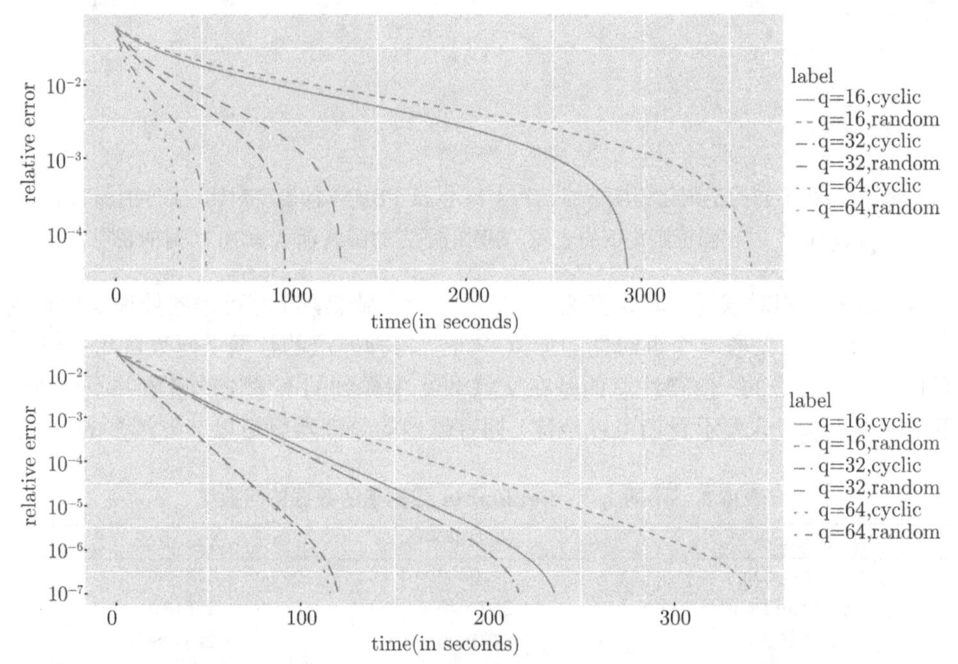

图 5.2　上方的图为 N=1000, p=10000 的数据集的实验结果，下方的图为 N=10000, p=1000 的数据集的实验结果

注意到这里有两个有趣的现象.

(1) 解决规模为 $N > p$ 的问题易于规模为 $p > N$ 的问题.

(2) 处理器数量的增加并不能保证到达统一全局最优点的时间的下降. 事实上，在一些点之后，处理器数量的增加反而花费了更多到达统一全局最优点的时间. 这是因为通信开销的结果压倒了计算时间. 该观测结果也在文献 [29] 出现. 这表示虽然在理论上可以用尽可能多的处理器，但这并不能保证线性计算增益。

5.4.3 讨论

在本节中，我们对所提出的方法在设计上以及在实施上的技术细节做出一些备注.

Jacobi 对比 Gauss-Seidel

许多文献指出 Jacobi 更新策略通常比 Gauss-Seidel 更新策略慢 [41]. 在这里我们给了一个简单的验证例子，见图 5.3.

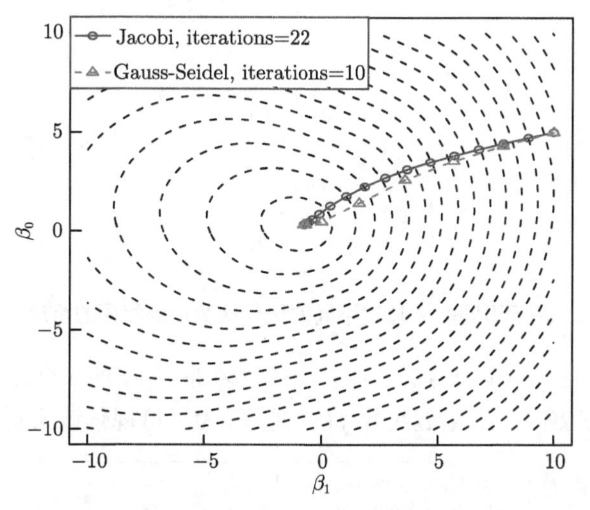

图 5.3　Jacobi 更新策略与 Gauss-Seidel 更新策略的一个简单对比

显然，Jacobi 方式的迭代次数是 Gauss-Seidel 方式的两倍. 并且似乎 Jacobi 策略比 Gauss-Seidel 策略更加保守. 不幸的是，在一些同步并行的设置中，Gauss-Seidel 策略并不是一个高质量的选项. 然而在异步并行的设置中，考虑 Gauss-Seidel 策略则是值得的. 在文献 [36] 中，Liu et al. 提出的“非一致”阅读模型与真实的异步计算非常接近. 他们所提出算法的唯一缺陷是它必须先等待所有处理器完成指定更新的坐标，并使当前的迭代信息适用于所有处理器，然后再使单个坐标继续工作. 细节的描述可见文献 [36]. 因此，为了克服这个缺点，我们猜想是否能够通过删除文献 [36] 中的“同步”步骤来达到真正的异步并行. 我们将投身于其中并提供一些理论分析.

Smaller c 在问题 (5.1) 中，x_i 通过求解以下问题进行更新

$$\arg\min_{z_i \in X_i} u_i(z_i; x^t) + \lambda h_i(z_i) + c||z_i - x_i^t||^2.$$

如同在定理 5.1 以及定理 5.2 中指出的一样，参数 c 存在一个下界 $\bar{c}$ 以此保证

PSUM 以及 RPSUM 的收敛性. 然而，在数值实验中我们观测到我们可以选取一个比 $\bar{c}$ 小一点的 c', 这样可以通过更少的迭代次数及时间来达到相同的最优解 (图 5.4).

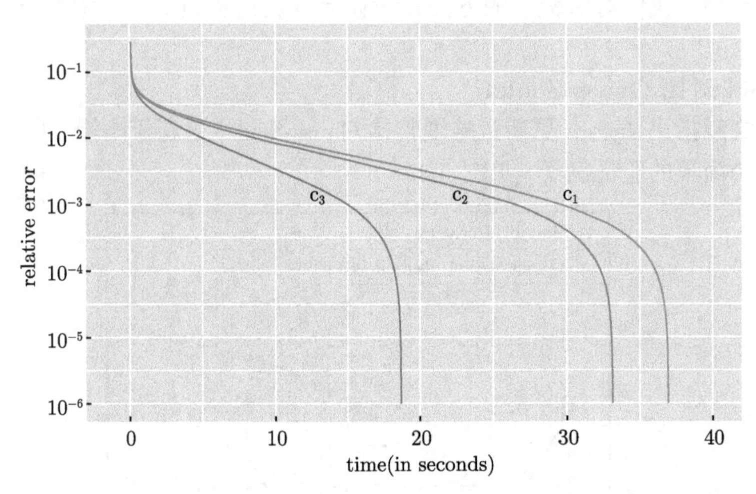

图 5.4　基于不同的 c 通过不同的迭代次数达到相同的全局最优解.

指导函数 $u_i(z_i;x^t)+\lambda h_i(z_i)+c||z_i-x_i^t||^2$ 不是 $f(z)$ 的一个局部紧上界函数可以解释该现象. c' 越小，上逼近函数 $f(z)$ 越好. 为了可视化该论断，见图 5.5.

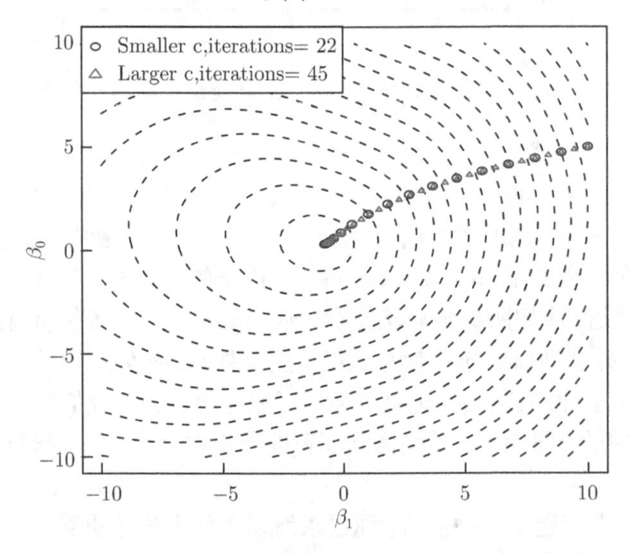

图 5.5　c 变化对不同准则的算法收敛的影响示意图

从图 5.5 上可以看到，更小的 c' 得到一个激进的步幅，因此较更大的 c 导致的保守的步长迭代的次数更少. 值得指出的是 c 不能过小，否则 PSUM 以及 RPSUM

会发散.

5.4.4 结论

许多应用场景中的根本问题是如何以有效的方式最小化非光滑凸的复合函数. 一类解决这个问题的流行方式是序列块坐标下降 (BCD), 但在许多实际应用中效率不高. 由于多核并行处理技术的发展, 通过对这类 BCD 算法进行并行处理可以提高速度. 为此, 我们提出了平行块坐标下降算法 PSUM 和 RPSUM, 它们被赋予一般凸复合函数的次线性收敛速率. 与现有算法不同, 所提出的 PSUM 和 RPSUM 算法使用通用逼近函数来在每次迭代处进行优化. 因此, 一些现有的同步并行算法可以视为 PSUM 的特例. 用 ℓ_1 范数问题求解正则化逻辑回归的实验表明, 所提出的并行算法实现效率很高.

第6章 随 机 优 化

在本章，我们求解的是随机优化问题，我们会首先给出随机优化问题的形式以及这个问题同前面章节中问题的区别与联系，接着会给出求解随机优化问题的一些方法. 同时，我们也会介绍带有正则化项的随机优化问题以及相关的方法.

6.1 随机优化问题

随机优化问题具有如下的形式：

$$\min_{\beta} F(\beta) \triangleq \mathbb{E}_{\xi}[f(\beta, \xi)] \tag{6.1}$$

其中 $\beta \in \mathbb{R}^n$ 是极小化变量，即优化变量, $\xi = (x, y)$ 是输入–输出对，服从某一个未知的分布， $f(\beta, \xi)$ 是损失函数，是关于 β 的凸函数. 显而易见地是，问题 (6.1) 就是极小化期望风险函数

该问题中最主要的问题是目标函数中含有未知的分布，导致我们无法求出目标函数的确定形式. 因此传统的做法是用有限个独立的样本 $\xi_1, \xi_2, \cdots, \xi_N$ 去近似函数 $F(\beta)$ ，然后求解如下的近似问题：

$$\min_{\beta} \frac{1}{N} \sum_{i=1}^{N} f(\beta, \xi_i) \tag{6.2}$$

这个问题便是常见的极小化经验风险函数. 如果我们把问题 (6.2) 中的损失函数取为线性回归中的平方损失函数，问题 (6.2) 的解便是最小二乘估计.

我们之前求解问题 (6.2) 不仅仅是因为问题 (6.1) 中含有未知分布，同时也是因为在过去的很长一段时间里，虽然真实存在的数据量十分庞大，但由于技术上的原因，我们在存储以及分析数据方面的能力无法与存在的数据量相匹配，所以我们总是采用随机样本，希望利用这些有限的样本得到尽可能多的信息. 因此长久以来，我们都是在极小化经验风险函数.

但我们在求解问题 (6.2) 时常常采用的方法为批量处理的方法，如内点法、梯度下降法、拟牛顿法或者是块坐标下降法等等. 这些方法在每次迭代时都会涉及计算整个训练集中所有数据的梯度. 同时，我们知道问题 (6.2) 仅仅是问题 (6.1) 的一个近似，根据大数定律，如果我们想得到一个好的近似就必然让训练集中包含的样本量足够大，但这会给上述的算法带来一个问题，即每次迭代的计算代价会变得

很大，即使是采用块坐标下降这类的方法也无法避免这种问题. 并且，我们在极小化经验风险函数时，最终得到的模型只是对所抽取的样本有很好的解释性，但对于更多的未知的样本是否也有好的解释性呢？

与此同时，随着时代的进步和技术的革新，我们正处于一个数字化时代，面对现实生活中庞大的数据量，我们能够更加有效地存储和处理这些数据. 因此，我们将目光重新聚焦在问题 (6.1) 上.

6.2 在线算法

在求解随机优化问题 (6.1) 时，以前采用的方法是样本平均近似法 (SAA:sample average approximation)，即

$$\beta_{k+1} = \arg\min \frac{1}{k+1}\sum_{i=1}^{k+1} f(\beta, \xi_i) \tag{6.3}$$

当 k 趋于无穷，并应用大数定律，β_k 一定会收敛到问题 (6.1) 的最优解. 但我们分析这个方法的过程会发现，虽然 SAA 这个方法确实是在求解原问题，但在每一步，我们求解的极小化问题 (6.3) 时，和求解问题 (6.2) 在形式上一致，也就是说 SAA 要极小化一连串的经验风险函数，所以这种做法依然没有跳出批量处理的范畴. 因此，我们在求解原问题时将不再采用 SAA 这种方法.

为了避免出现上面的问题，我们在求解问题 (6.1) 时将采用在线的方法，即在每次迭代时，只利用一个样本对变量进行更新.

6.2.1 随机梯度法

随机梯度法是解决随机优化问题常用的方法，该方法的定义如下：

$$\beta_{k+1} = \beta_k - \mu_k g(\beta_k, \xi_k) \tag{6.4}$$

其中 μ_k 是步长，$g(\beta_k, \xi_k)$ 是损失函数 $f(\beta, \xi_k)$ 在 β_k 处的梯度. 该方法的收敛性分析依赖于下面的假设.

假设 A

(A1) 目标函数 $F(\beta)$ 是连续可微的并且其导函数是 Lipschitz 连续的，即存在常数 L 使得对任意的 $\beta, \bar{\beta}$ 都有

$$\|\nabla F(\beta) - \nabla F(\bar{\beta})\|_2 \leqslant L\|\beta - \bar{\beta}\|_2$$

(A2) 目标函数 $F(\beta)$ 是强凸的，即存在常数 $c > 0$ 使得对任意的 $\beta, \bar{\beta}$ 都有

$$F(\bar{\beta}) \geqslant F(\beta) + \nabla F(\beta)^{\mathrm{T}}(\bar{\beta} - \beta) + \frac{1}{2}c\|\bar{\beta} - \beta\|_2^2$$

假设 B

(B1) 存在常数 ν_G 和 ν 使得对任意的 k 有

$$\nabla F(\beta_k)^{\mathrm{T}}\mathbb{E}_{\xi_k}[g(\beta_k,\xi_k)] \geqslant \nu\|\nabla F(\beta_k)\|_2^2$$
$$\|\mathbb{E}_{\xi_k}[g(\beta_k,\xi_k)]\|_2 \leqslant \nu_G\|\nabla F(\beta_k)\|_2$$

(B2) 存在常数 $M \geqslant 0$ 和 $M_V \geqslant 0$ 使得对任意的 k 有

$$\mathbb{V}_{\xi_k}[g(\beta_k,\xi_k)] \leqslant M + M_V\|F(\beta_k)\|_2^2$$

为了给出收敛速率的结果，引入符号记号：$\boldsymbol{\xi}_K=(\xi_1,\xi_2,\cdots,\xi_K)$ 表示随机变量的集合，其中的 $\xi_1,\xi_2,\xi_3,\cdots$ 是独立同分布的样本. 根据随机梯度法的更新方式，随机向量 β_k 是关于 $(\xi_1,\xi_2,\cdots,\xi_{k-1})$ 的函数，与 $\xi_j, k\leqslant j\leqslant T$ 是相互独立的.

定理 6.1 *在假设 A 和假设 B 同时成立的条件下，如果步长序列满足 $\mu_k = \dfrac{r}{\gamma+k}$，其中的 $r>\dfrac{1}{c\nu},\gamma>0$ 为常数并使得 $\mu_1\leqslant\dfrac{\nu}{LM_G}$ 成立，那么有*

$$\mathbb{E}_{\boldsymbol{\xi}_K}[F(\beta_k)] - F^* \leqslant \frac{s}{\gamma+k} \tag{6.5}$$

其中 $s=\max\left\{\dfrac{r^2LM}{2(rc\nu-1)},(\gamma+1)(F(\beta_1)-F^*)\right\}$，$F^*$ 是问题 (6.1) 的最优值.

该定理的证明参考文献 [42].

6.2.2 对偶平均方法

对偶平均法由 Nesterov 提出，这个方法可以解决很多类型的问题，有兴趣的可以阅读 [43]. 下面简单介绍对偶平均法求解问题 (6.1) 的步骤及收敛结果.

简单地说，对偶平均法在每步均要求解下面的极小化问题：

$$\beta_{k+1} = \arg\min\left\{\frac{1}{k}\sum_{i=1}^{k}\langle g_i,\beta\rangle + \frac{\mu_k}{k}h(\beta)\right\} \tag{6.6}$$

其中 $h(\beta)$ 是辅助的强凸函数，$\{\mu_k\}_{k\geqslant1}$ 是非负、非降的序列，g_i 是 $f(\beta,\xi_i)$ 在 β_i 处的梯度. β_1 是变量 β 的初始值.

问题 (6.6) 等价于

$$\beta_{k+1} = \arg\min\left\{\langle\bar{g}_k,\beta\rangle + \frac{\mu_k}{k}h(\beta)\right\} \tag{6.7}$$

其中 $\bar{g}_k = \dfrac{1}{k}\sum_{i=1}^{k} g_k$ 是平均梯度，由于其位于对偶空间中，故该方法得名对偶平均法.

在收敛性的结论中，依然沿用记号 $\boldsymbol{\xi}_K$ 的定义，β_k 依然是关于 $(\xi_1,\xi_2,\cdots,\xi_{k-1})$ 的函数，与 $\xi_j, k\leqslant j\leqslant T$ 是相互独立的.

在该方法中，如果非负、非降的序列 $\{\mu_k\}_{k\geqslant 1}$ 满足 $\mu_{k+1}=\sum_{i=1}^{k}\mu_i$ ，并且损失函数的导函数有界，即 $\|\partial f(\beta,\xi)\|\leqslant L$ ，则有如下的收敛结果.

定理 6.2 假设随机序列 $\{\beta_k\}$ 是通过对偶平均方法所得，则对任意的 $k\geqslant 0$ 有

$$\mathbb{E}_{\boldsymbol{\xi}_k}\left(F\left(\frac{1}{k}\sum_{i=1}^{k}\beta_i\right)\right)-F^*\leqslant\frac{\mu_k}{k}(d(\beta^*)+\frac{L^2}{2\sigma}) \tag{6.8}$$

其中 σ 是强凸函数 $h(\beta)$ 的强凸参数，β^* 是问题 (6.1) 的最优解.

6.3 带正则化项的随机优化问题

当我们把正则化项加入目标函数，我们要求解的问题变为

$$\min_{\beta}F(\beta)\triangleq\mathbb{E}_{\xi}[f(\beta,\xi)]+\phi(\beta) \tag{6.9}$$

上一小节中的方法均可扩展成解问题 (6.9) 的方法.

随机梯度法

$$\beta_{t+1}=\beta_t-\mu_t(g_t^f+g_t^\phi) \tag{6.10}$$

其中 μ_t 是一个正数，称之为步长，g_t^f 是函数 $f(\beta,\xi_t)$ 在 β_t 处的次梯度，g_t^ϕ 是函数 $\phi(\beta)$ 在 β_t 处的次梯度.

正则化对偶平均法 (RDA)

$$\beta_{k+1}=\arg\min\{\frac{1}{k}\sum_{i=1}^{k}\langle g_i,\beta\rangle+\phi(\beta)+\frac{\mu_k}{k}h(\beta)\} \tag{6.11}$$

该方法是由 Lin Xiao 于 2010 年提出 [44]，整个思路以及收敛性的分析都基于 Nesterov 提出的平均对偶的框架. 因此在此处不再详述收敛结果.

6.3.1 向前向后分裂算法简介

下面我们简要介绍第三种求解问题 (6.9) 的方法：向前向后分裂算法. 向前向后分裂算法最开始于 1979 年被 Lions 和 Mercier 提出 [45]，用来寻找函数的原点，后来 Paul Tseng 给出了修正方法 [46]. 简单来说，他们的问题可以被描述成下面的形式：

寻找 x 使得 $F(x)=f(x)+\phi(x)=0$ ，其中 f 和 ϕ 均为极大单调算子.

该问题的求解过程为

$$x_{k+1} = (I + \alpha_k \phi)^{-1}(I - \alpha_k f)x_k, k = 0, 1, \cdots \tag{6.12}$$

其中的 α_k 为步长. 我们可以看到式子 (6.12) 中 $(I - \alpha_k f)$ 这一项可以看成与算子 f 有关的向前步，$(I + \alpha_k \phi)^{-1}$ 是与算子 ϕ 有关的向后步，因此该方法得名为向前向后分裂法.

在 2008 年，Kristian Bredies 用向前向后分裂算法求解巴拿赫空间中的非光滑凸函数的极小化问题 [47]，该问题的描述如下：

$$\min F(x) = f(x) + \phi(x) \tag{6.13}$$

其中 $f(x)$ 是光滑的凸函数，$\phi(x)$ 是非光滑的凸函数. 在求解这个问题时，向前向后分裂方法的更新方式为：

$$x_{k+1} = (I + \alpha_k \partial\phi)^{-1}(I - \alpha_k f')x_k \tag{6.14}$$

其中 $\partial\phi$ 是函数 $\phi(x)$ 的次微分. 比较等式 (6.12) 和 (6.14)，可以看到这两个等式的形式上是一致的，因此解决极小化问题的这个方法也称为向前向后分裂算法.

2009 年，Duchi 和 Singer 将向前向后分裂算法来求解极小化问题的迭代过程分开来写，一步是向前步，一步是向后步，这两步的具体步骤如下：

$$\beta_{t+\frac{1}{2}} = \beta_t - \mu_t g_t^f \tag{6.15}$$

$$\beta_{t+1} = \arg\min_{\beta} \left\{ \frac{1}{2} \|\beta - \beta_{t+\frac{1}{2}}\|^2 + \mu_t \phi(\beta) \right\} \tag{6.16}$$

其中 μ_t 是适当的步长，g_t^f 是函数 $f(\beta, \xi_t)$ 在 β_t 处的次梯度.

这个迭代过程中的第一步可以看成是用随机梯度法求解不带正则化项的问题 (6.9)，同时这一步也对应公式 (6.14) 中的向前的那一步.

第二步与邻近算法十分相似，其中的二次项 $\|\beta - \beta_{t+\frac{1}{2}}\|^2$ 使得这个极小化问题是严格凸的，因此我们可以得到唯一的解 β_{t+1}，并且这个解 β_{t+1} 十分靠近 $\beta_{t+\frac{1}{2}}$. 在实际操作中，我们常常选用一范数或二范数作为正则化项，因此问题 (6.16) 中的目标函数是可分的，如此一来，问题 (6.16) 便在每一个维度上都有闭式解.

我们注意到迭代中的第二步是一个极小化的问题, 因此根据一阶最优性条件有如下表达式：

$$0 = \beta_{t+1} - \beta_{t+\frac{1}{2}} + \mu_t g_{t+1}^{\phi} \tag{6.17}$$

其中 g_{t+1}^{ϕ} 是函数 $\phi(\beta)$ 在 β_{t+1} 处的次梯度. 该表达式可以等价的写成

$$\beta_{t+\frac{1}{2}} = \beta_{t+1} + \mu_t g_{t+1}^{\phi}$$

$$= (I + \mu_t g^{\phi})\beta_{t+1} \tag{6.18}$$

因此有

$$\beta_{t+1} = (I + \mu_t g^{\phi})^{-1}\beta_{t+\frac{1}{2}} \tag{6.19}$$

而这个结果与向前向后分裂算法 (6.14) 中向后的一步完全一致. 也就是说第一步 (6.15) 和第二步 (6.16) 如果写成一个等式应该与 (6.14) 是完全一致的. 所以说，无论是写成 (6.14)，还是 (6.15) 和 (6.16)，方法的本质并没有发生改变，都在向前步和向后步中交替进行.

值得指出的是，Duchi 在用上面的方法用来求解极小化的问题时，其目标函数都是确定性的，而我们在极小化带正则化项的随机优化问题时，这个问题的目标函数是不确定性的，因此我们在该方法的基础上做了一些改进，即在每次迭代中增加第三步，计算均值

$$\bar{\beta}_{t+1} = \frac{1}{t+1}\sum_{i=1}^{t+1}\beta_i \tag{6.20}$$

当然，计算均值的过程看似繁琐，但一旦我们将之前的均值保存在计算机中，就可以快速地得到新的均值.

算法 10　向前向后分裂算法求解问题 (6.9)

1. **输入:** 步长序列 $\{\mu_t\}_{t\geqslant 1}$
2. **初始化:** $\beta_1 = \mathbf{0}$, $\bar{\beta}_1 = \mathbf{0}$
3. **对** $t = 1, 2, 3, \cdots$
4. 抽样 $\xi_t = (x_t, y_t)$
5. 更新中间向量:
6. $\beta_{t+\frac{1}{2}} = \beta_t - \mu_t g_t^f$
7. 计算下一次的向量值:
8. $\beta_{t+1} = \arg\min_\beta\{\frac{1}{2}\|\beta - \beta_{t+\frac{1}{2}}\|^2 + \mu_t\phi(\beta)\}$,
9. $\bar{\beta}_{t+1} = \frac{t}{t+1}\bar{\beta}_t + \frac{1}{t+1}\beta_{t+1}$
10. **结束**

6.3.2 向前向后分裂算法的收敛性

在给出向前向后分裂算法求解带正则化项的随机优化问题的收敛分析之前，我们首先给出整个分析过程中会用到的假设.

假设 C

(C1) 对任意的 ξ，损失函数 $f(\beta,\xi)$ 关于 β 是凸函数，正则化项 $\phi(\beta)$ 也是凸函数.

(C2) 次梯度 $\partial f(\beta,\xi_t)$ 和 $\partial\phi(\beta)$ 的范数是有界的，即存在常数 G，使得对任意的 $t = 1, 2, 3, \ldots$ 都有 $\|g_t^f\| \leqslant G$ 和 $\|g_t^{\phi}\| \leqslant G$.

(C3) 对每次迭代，存在常数 D 使得 $\|\beta_t - \beta^\star\| \leqslant D$ 成立，其中 $\beta^\star$ 是问题 (6.9) 的最优解. 在有了这些假设之后，我们会得到关于收敛的结果，而收敛结果依赖于 regret bound，所以我们会首先给出关于 regret 的定义以及其上界.

定义 6.1　对于任意固定的 $\beta^\star$ (通常取最优解)，regret 被定义为如下形式

$$R(T) = \sum_{t=1}^{T}[f(\beta_t, \xi_t) + \phi(\beta_t) - f(\beta^\star, \xi_t) - \phi(\beta^\star)] \tag{6.21}$$

引理 6.1 (Bounding Step Differences)　假设条件 (C1) 和 (C2) 均成立，如果我们采用向前向后分裂算法来更新变量，则有如下结果

$$\begin{aligned} f(\beta_t, \xi_t) - & f(\beta^\star, \xi_t) + \phi(\beta_{t+1}) - \phi(\beta^\star) \\ & \leqslant \frac{\|\beta_t - \beta^\star\|^2 - \|\beta_{t+1} - \beta^\star\|^2}{2\mu_t} + 4\mu_t G^2 \end{aligned} \tag{6.22}$$

证明　利用等式 (6.18)，我们可以得到

$$\begin{aligned} & \| \beta_{t+1} - \beta^\star\|^2 \\ = & \|\beta_t - \beta^\star - \mu_t g_t^f - \mu_t g_{t+1}^\phi\|^2 \\ = & \|\beta_t - \beta^\star\|^2 + \|\mu_t g_t^f + \mu_t g_{t+1}^\phi\|^2 - 2\mu_t\langle g_t^f, \beta_t - \beta^\star\rangle \\ & -2\mu_t\langle g_{t+1}^\phi, \beta_{t+1} - \beta^\star\rangle + 2\mu_t\langle g_{t+1}^\phi, \beta_{t+1} - \beta_t\rangle. \end{aligned} \tag{6.23}$$

通过条件 (C2)，我们可以给出等式 (6.23) 中第二项的上界

$$\begin{aligned} \|\mu_t g_t^f + \mu_t g_{t+1}^\phi\|^2 &= \mu_t^2[\|g_t^f\|^2 + \|g_{t+1}^\phi\|^2 + 2\langle g_t^f, g_{t+1}^\phi\rangle] \\ &\leqslant 4\mu_t^2 G^2. \end{aligned} \tag{6.24}$$

而函数 $f(\beta, \xi_t)$ 和 $\phi(\beta)$ 的凸性保证了

$$-2\mu_t\langle g_t^f, \beta_t - \beta^\star\rangle \leqslant 2\mu_t(f(\beta^\star, \xi_t) - f(\beta_t, \xi_t)) \tag{6.25}$$

$$-2\mu_t\langle g_{t+1}^\phi, \beta_{t+1} - \beta^\star\rangle \leqslant 2\mu_t(\phi(\beta^\star) - \phi(\beta_{t+1})). \tag{6.26}$$

结合 Cauchy-Schwartz 不等式和等式 (6.18)，有

$$\begin{aligned} \langle g_{t+1}^\phi, \beta_{t+1} - \beta_t\rangle &= \langle g_{t+1}^\phi, -\mu_t g_t^f - \mu_t g_{t+1}^\phi\rangle \\ &\leqslant \|g_{t+1}^\phi\|\|\mu_t g_t^f + \mu_t g_{t+1}^\phi\| \\ &\leqslant \mu_t\|g_{t+1}^\phi\|^2 + \mu_t\|g_t^f\|\|g_{t+1}^\phi\| \\ &\leqslant 2\mu_t G^2. \end{aligned} \tag{6.27}$$

利用不等式 (6.27)，我们可以给出等式 (6.23) 中最后一项的上界

$$2\mu_t\langle g_{t+1}^{\phi}, \beta_{t+1}-\beta_t\rangle \leqslant 4\mu_t^2 G^2. \tag{6.28}$$

联合不等式 (6.24)，(6.25)，(6.26)，(6.28) 和等式 (6.23)，可以得到

$$\begin{aligned}\|\beta_{t+1}-\beta^\star\|^2 \leqslant \|\beta_t-\beta^\star\|^2 + 8\mu_t^2G^2 + 2\mu_t[\phi(\beta^\star)-\phi(\beta_{t+1})\\ +f(\beta^\star,\xi_t)-f(\beta_t,\xi_t)].\end{aligned}$$

移动有关 $f(\cdot)$ 和 $\phi(\cdot)$ 的项便可得到该引理中结论.

这个引理的结论有助于我们的到关于 regret 的上界.

定理 6.3(regret bound) 假设所有的条件 (C1, C2, C3) 都成立，那么向前向后分裂算法关于 regret 的上界为

$$R(T) \leqslant 2GD + \frac{D^2}{2\mu_T} + 4G^2\sum_{t=1}^{T}\mu_t \tag{6.29}$$

证明 根据 regret 的定义 (6.21) 可以得到下面的不等式

$$\begin{aligned}R(T) &= \sum_{t=1}^{T}[f(\beta_t,\xi_t)+\phi(\beta_t)-f(\beta^\star,\xi_t)-\phi(\beta^\star)]\\ &= \sum_{t=1}^{T}[f(\beta_t,\xi_t)-f(\beta^\star,\xi_t)+\phi(\beta_{t+1})-\phi(\beta^\star)]\\ &\quad +(\phi(\beta_1)-\phi(\beta^\star))-(\phi(\beta_{t+1})-\phi(\beta^\star))\\ &\overset{(I)}{\leqslant} 2GD+\sum_{t=1}^{T}\frac{1}{2\mu_t}[\|\beta_t-\beta^\star\|^2-\|\beta_{t+1}-\beta^\star\|^2]\\ &\quad +4G^2\sum_{t=1}^{T}\mu_t\end{aligned} \tag{6.30}$$

其中 (I) 我们可以通过假设和不等式 (6.22) 得到.

在不等式 (6.30) 中，第二项的上界有如下形式

$$\begin{aligned}&\sum_{t=1}^{T}\frac{1}{2\mu_t}[\|\beta_t-\beta^\star\|^2-\|\beta_{t+1}-\beta^\star\|^2]\\ &=\frac{1}{2\mu_1}\|\beta_1-\beta^\star\|^2+\sum_{t=2}^{T}\left(\frac{1}{\mu_t}-\frac{1}{\mu_{t-1}}\right)\|\beta_t-\beta^\star\|^2\\ &\quad -\frac{1}{2\mu_T}\|\beta_{T+1}-\beta^\star\|^2\end{aligned}$$

$$\leqslant D^2\left[\frac{1}{2\mu_1}+\left(\frac{1}{2\mu_2}-\frac{1}{2\mu_1}\right)+\cdots+\left(\frac{1}{2\mu_T}-\frac{1}{2\mu_{T-1}}\right)\right]$$

$$=\frac{D^2}{2\mu_T}. \tag{6.31}$$

利用不等式 (6.30) 和 (6.31) 可以得到 regret 的上界.

在实际应用中，我们通常将步长取为 $\mu_t=\frac{c}{\sqrt{t}},c>0$ ，那么在定理 (6.3) 中，regret 的上界是

$$R(T)\leqslant 2GD+\left(\frac{D^2}{2c}+8cG^2\right)\sqrt{T}$$

根据这个结果常数 c 的最优选择是 $c=\frac{D}{4G}$. 因此我们有下面的推论.

推论 6.1 假设定理 (6.3) 中的条件均成立, 并将步长取为 $\mu_t=\frac{D}{4G\sqrt{t}}$ ，则向前向后分类算法在迭代 T 步之后的 regret bound 为

$$R(T)\leqslant 2GD+4GD\sqrt{T}. \tag{6.32}$$

下面, 我们将给出向前向后分裂算法求解问题 (6.9) 的收敛速率. 根据向前向后分裂算法的更新规则, 随机向量 β_t 是关于 $(\xi_1,\xi_2,\cdots,\xi_{t-1})$ 的函数, 与 $\xi_j,t\leqslant j\leqslant T$ 是相互独立的, 因此有

$$\begin{aligned}\mathbb{E}_{\boldsymbol{\xi}_T}(f(\beta_t,\xi_t)+\phi(\beta_t))&=\mathbb{E}_{\boldsymbol{\xi}_{t-1}}(\mathbb{E}_{\xi_t}(f(\beta_t,\xi_t)+\phi(\beta_t)))\\&=\mathbb{E}_{\boldsymbol{\xi}_{t-1}}F(\beta_t)\\&=\mathbb{E}_{\boldsymbol{\xi}_T}F(\beta_t).\end{aligned} \tag{6.33}$$

定理 6.4 假设推论 (6.1) 中的条件均成立, 选取步长为 $\mu_t=\frac{D}{4G\sqrt{T}}$ ， $F^\star$ 表示问题 (6.9) 的最优值, 则

(a) 在期望下的收敛速率是

$$\mathbb{E}_{\boldsymbol{\xi}_T}(F(\bar{\beta}_T))-F^\star\leqslant\frac{2GD}{T}+\frac{4GD}{\sqrt{T}}. \tag{6.34}$$

(b) 对任意的 $a>0$ ，有

$$Prob(F(\bar{\beta}_T)-F^\star>a)\leqslant\ \frac{1}{a}\left(\frac{2GD}{T}+\frac{4GD}{\sqrt{T}}\right) \tag{6.35}$$

证明 (a) 因为 $F(\beta)$ 是凸函数, 所以有

$$F(\bar{\beta}_T) = F\left(\frac{1}{T}\sum_{t=1}^{T}\beta_t\right) \leqslant \frac{1}{T}\sum_{t=1}^{T}F(\beta_t). \tag{6.36}$$

关于 $\boldsymbol{\xi}_T$ 取期望, 再结合等式 (6.33) , 有

$$\begin{aligned}
&\mathbb{E}_{\boldsymbol{\xi}_T}\left(F\left(\frac{1}{T}\sum_{t=1}^{T}\beta_t\right)\right) - F^\star \\
\leqslant &\frac{1}{T}\sum_{t=1}^{T}\mathbb{E}_{\boldsymbol{\xi}_T}(f(\beta_t,\xi_t)+\phi(\beta_t)) - F^\star \\
= &\frac{1}{T}\sum_{t=1}^{T}\mathbb{E}_{\boldsymbol{\xi}_T}(f(\beta_t,\xi_t)+\phi(\beta_t)-f(\beta^\star,\xi_t)-\phi(\beta^\star)) \\
\leqslant &\frac{1}{T}\left(2GD+\frac{D^2}{2\mu_T}+4G^2\sum_{t=1}^{T}\mu_t\right)
\end{aligned}$$

令 $\mu_t = \dfrac{D}{4G\sqrt{t}}$ 可以得到不等式 (6.34).

(b) 根据 Markov 不等式: 对任意的非负随机变量 X 以及任意的 $a>0$ 有

$$Prob(|X|>a) \leqslant \frac{\mathbb{E}(|X|)}{a} \tag{6.37}$$

因为 $F^\star$ 是问题 (6.9) 的最优值, 所以 $F\left(\dfrac{1}{T}\displaystyle\sum_{t=1}^{T}\beta_t\right) - F^\star$ 是非负的, 因此对任意的 $a>0$,

$$\begin{aligned}
Prob\left(F\left(\frac{1}{T}\sum_{t=1}^{T}\beta_t\right) - F^\star > a\right) &\leqslant \frac{\mathbb{E}_{\boldsymbol{\xi}_T}\left[F\left(\frac{1}{T}\sum_{t=1}^{T}\beta_t\right) - F^\star\right]}{a} \\
&\leqslant \frac{1}{a}\left(\frac{2GD}{T}+\frac{4GD}{\sqrt{T}}\right)
\end{aligned} \tag{6.38}$$

其中的第二个不等式在取 $\mu_t = \dfrac{D}{4G\sqrt{t}}$ 时成立.

在定理 (6.4) 中可以看到函数值 $F(\bar{\beta}_T)$ 在期望意义下以多快的速度收敛到最优值. 仔细来说, $\mathbb{E}F(\bar{\beta}_T)$ 以次线性的速度收敛到 $F^\star$.

6.4　向前向后分裂算法求解 ℓ_1 正则化逻辑回归

在用逻辑回归处理二分类的分类问题时，为了得到其中的损失函数，假设 $y \in \{0,1\}$ 是二分类输出变量， $x \in \mathbb{R}^p$ 是输入变量. 我们假设

$$
\begin{aligned}
P(y=1|x) &= h(x;\beta) = \frac{1}{1+e^{-(\beta_0+x^\top\beta)}} \\
P(y=0|x) &= \frac{1}{1+e^{(\beta_0+x^\top\beta)}} = 1-h(x;\beta).
\end{aligned} \tag{6.39}
$$

我们选择对数损失函数

$$
l(y,P(y|x)) = -\log P(y|x) \tag{6.40}
$$

对于给定的输入 - 输出对 (x,y) ，可以得到损失函数为

$$
l(y,P(y|x)) = \begin{cases} -\log h(x;\beta), & \text{若} y=1; \\ -\log(1-h(x;\beta)), & \text{若} y=0. \end{cases} \tag{6.41}
$$

利用 $h(x;\beta)$ 的表达式，我们将损失函数重新写成如下形式:

$$
\begin{aligned}
f(\beta,\xi) &= l(y,P(y|x) \\
&= -y\log h(x;\beta) - (1-y)\log(1-h(x;\beta)) \\
&= \log(1+e^{\beta_0+x^\top\beta}) - y(\beta_0+x^\top\beta)
\end{aligned} \tag{6.42}
$$

可以看出损失函数 $f(\beta,\xi)$ 是关于参数是凸函数，这与我们的问题 (6.9) 中的假设是一致的，同时，我们取一范数的正则化，即令 $\phi(\beta)=\lambda\|\beta\|_1=\lambda\sum_{j=1}^{p}|\beta_j|$，其中 λ 是正则化参数.

在用向前向后分裂算法求解问题 (6.9) 时，假设在第 t 次迭代，记 $\xi_t=(x_t,y_t)$ 是这次迭代中所需的样本， $\beta_{t,j}, j=0,1,2,\cdots,p$ 以及 $\bar{\beta}_{t,j}, j=0,1,2,\cdots,p$ 均为参数的当前值. 为了得到参数的下一次估计，首先需要计算如下的偏导数

$$
\begin{aligned}
\frac{\partial f(\beta,\xi_t)}{\partial\beta_0}|_{\beta=\beta_t} &= \frac{\beta_{t,0}+x_t^\top\beta_t}{1+e^{\beta_{t,0}+x_t^\top\beta_t}} - y_t \triangleq g_0 \\
\frac{\partial f(\beta,\xi_t)}{\partial\beta_j}|_{\beta=\beta_t} &= x_{tj}\frac{\beta_{t,0}+x_t^\top\beta_t}{1+e^{\beta_{t,0}+x_t^\top\beta_t}} - x_{tj}y_t = x_{tj}g_0
\end{aligned} \tag{6.43}
$$

其中 x_{tj} 是向量 x_t 的第 t 个元素. 利用 (6.15) 的更新公式，得到

$$
\begin{aligned}
\hat{\beta}_0 &= \beta_{t,0} - \mu_t g_0, \\
\hat{\beta}_j &= \beta_{t,j} - \mu_t x_{tj} g_0.
\end{aligned} \tag{6.44}
$$

下一步，我们将求解一个极小化的问题

$$\beta_{t+1} = \arg\min_{\beta} \left\{ \frac{1}{2}\|\beta - \hat{\beta}\|^2 + \mu_t \phi(\beta) \right\}. \tag{6.45}$$

值得注意的是，由于 $\phi(\beta) = \lambda \sum_{j=1}^{p} |\beta_j|$ ，故在问题 (6.45) 中，目标函数是可分的. 因此我们在每个维度上求解对应的子问题

$$\begin{cases} \beta_{t+1,0} = \arg\min_{\beta_0} \dfrac{1}{2}(\beta_0 - \hat{\beta}_0)^2; \\ \beta_{t+1,j} = \arg\min_{\beta_j} \left\{ \dfrac{1}{2}(\beta_j - \hat{\beta}_j)^2 + \mu_t \lambda |\beta_j| \right\}, j = 1, 2, \cdots, p. \end{cases} \tag{6.46}$$

求解上述问题得到的解为

$$\begin{aligned} &\beta_{t+1,0} = \hat{\beta}_0 = \beta_{t,0} - \mu_t g_0, \\ &\beta_{t+1,j} = S(\hat{\beta}_j, \lambda\mu_t) = S(\beta_{t,j} - \mu_t x_{tj} g_0, \lambda\mu_t), j = 1, 2, \cdots, p, \end{aligned} \tag{6.47}$$

其中 $S(z, \gamma)$ 是软门限函数，其定义如下：

$$\begin{aligned} \mathcal{S}(z, \gamma) &= sign(z)(|z| - \gamma)_+ \\ &= \begin{cases} z - \gamma, & \text{当 } z > 0 \text{ 且 } \gamma < |z|; \\ z + \gamma, & \text{当 } z < 0 \text{ 且 } \gamma < |z|; \\ 0, & \text{当 } \gamma \geqslant |z|. \end{cases} \end{aligned} \tag{6.48}$$

通常情况下令步长 $\mu_t = \dfrac{c}{\sqrt{t}}, c > 0$ 是一个常数. 最后，根据将得到的 β_{t+1} 与 $\bar{\beta}_t$ 做一个凸组合：

$$\bar{\beta}_{t+1} = \frac{t}{t+1}\bar{\beta}_t + \frac{1}{t+1}\beta_{t+1} \tag{6.49}$$

这样得到的 $\bar{\beta}_{t+1}$ 便是该迭代算法中的第三步.

算法 11 向前向后分裂算法求解带一范数正则化项的逻辑回归问题

1. **输入:** 步长序列 $\{\mu_t\}_{t\geqslant 1}$
2. **初始化:** $\beta_{1,0} = \bar{\beta}_{1,0} \in \mathbb{R}, \beta_1 = \bar{\beta}_1 \in \mathbb{R}^p$
3. **对** $t = 1, 2, 3, \ldots$
4. 抽样 $\xi_t = (x_t, y_t)$
5. 计算:$g_0 = \frac{\beta_{t,0} + x_t{}^\top \beta_t}{1 + e^{\beta_{t,0} + x_t{}^\top \beta_t}} - y_t$
6. $\beta_{t+1,0} \leftarrow \beta_{t,0} - \mu_t g_0$,
7. $\bar{\beta}_{t+1,0} \leftarrow \frac{t}{t+1}\bar{\beta}_{t,0} + \frac{1}{t+1}\beta_{t+1,0}$;
8. **对** $j = 1, 2, 3, \ldots, p$
9. $\beta_{t+1,j} \leftarrow S(\beta_{t,j} - \mu_t x_{tj} g_0, \lambda\mu_t)$,
10. $\bar{\beta}_{t+1,j} \leftarrow \frac{t}{t+1}\bar{\beta}_{t,j} + \frac{1}{t+1}\beta_{t+1,j}$
11. **结束**

6.5 实 验

在这一节，我们将利用向前向后分裂算法去解决二分类的问题. 我们采用 R 软件中的客户流失数据集 (churn data set) 进行实验. 该数据集采集的是一家德国电信公司的客户信息，包括国际长途计划，语音信箱计划，各时间段使用业务时长等 19 个自变量，其中的区域编码变量对于问题没有实际意义，故删除该变量. 该数据集的因变量是这些客户是否会流失，也就是说这些客户是否会继续使用该电信公司的业务. 这个数据集包含 3333 个训练集，1667 个测试集.

我们会将向前向后分裂算法和随机梯度下降法 (SGD) 以及截断梯度法 (TG) 在同一数据集上进行实验.

随机梯度下降法求解问题 (6.9) 的形式为 (6.10)，其中的 g_t^ϕ 是函数 $\phi(\beta)$ 在 β_t 处的次梯度，当问题 (6.9) 中的正则化项 $\phi(\beta)=\lambda\|\beta\|_1$ 时，$g_{t,j}^\phi=\lambda\text{sgn}(\beta_{t,j})$，因此，随机梯度下降法求解带一范数正则化项的逻辑回归问题的算法如下：

算法 12 随机梯度下降法求解带一范数正则化项的逻辑回归问题

1. **输入:** 步长序列 $\{\mu_t\}_{t\geqslant 1}$
2. **初始化:** $\beta_{1,0}\in\mathbb{R},\beta_1\in\mathbb{R}^p$
3. **对** $t=1,2,3,\ldots$
4. 抽样 $\xi_t=(x_t,y_t)$
5. 计算:$g_0=\frac{\beta_{t,0}+x_t{}^\top\beta_t}{1+e^{\beta_{t,0}+x_t{}^\top\beta_t}}-y_t$
6. $\beta_{t+1,0}\leftarrow\beta_{t,0}-\mu_t g_0,$
7. **对** $j=1,2,3,\ldots,p$
8. $\beta_{t+1,j}=\beta_{t,j}-\mu_t(x_{tj}g_0+\lambda\text{sgn}(\beta_{t,j}))$
9. **结束**

截断梯度法的定义如下：

$$\beta_{t+1}=\begin{cases}\text{trnc}(\beta_t-\mu_t g_t^f,\lambda_t^{TG},\theta), & \text{mod}(t,K)=0\\ \beta_t-\mu_t g_t^f, & \text{其他}\end{cases}$$

其中 $\lambda_t^{TG}=\mu_t\lambda K$，$\text{mod}(t,K)$ 是 t 除以 K 的余数，K 是窗口，表示我们会每 K 步进行一次截断，其截断的方式由下面的截断函数定义：

$$\text{trnc}(u,\lambda,\theta)=\begin{cases}0, & |u|\leqslant\lambda,\\ u, & |u|>\theta,\\ u-\lambda\,\text{sgn}(u), & \text{其他}.\end{cases}$$

当我们用该方法来求解带一范数正则化项的逻辑回归问题时，其算法如下：

算法 13 截断梯度法求解带一范数正则化项的逻辑回归问题

1. **输入:** 步长序列 $\{\mu_t\}_{t\geqslant 1}$, 窗口 K,θ
2. **初始化:** $\beta_{1,0}\in\mathbb{R}, \beta_1\in\mathbb{R}^p$
3. **对** $t=1,2,3,\ldots$
4. 抽样 $\xi_t=(x_t,y_t)$
5. 计算:$g_0=\frac{\beta_{t,0}+x_t{}^\top\beta_t}{1+e^{\beta_{t,0}+x_t{}^\top\beta_t}}-y_t$
6. $\beta_{t+1,0}\leftarrow\beta_{t,0}-\mu_t g_0$
7. **对** $j=1,2,3,\ldots,p$
8. $\beta_{t+1,j}=\begin{cases}\mathrm{trnc}(\beta_{t,j}-\mu_t x_{tj}g_0,\mu_t\lambda K,\theta), & 若\ \mathrm{mod}(t,K)=0\\ \beta_{t,j}-\mu_t x_{tj}g_0, & 其他\end{cases}$
9. **结束**

我们在实验过程中，以上的几种方法在每次迭代过程都会涉及随机抽取一个样本，以向前向后分裂算法为例，不同时间做的实验其参数的结果不完全相同，以前 4 个系数为例:

由表 6.1，我们可以清楚地看到，当我们进行 3 次不同的实验后，得到的参数结果是不一样的，为了能够尽可能充分地利用训练集中的数据，我们在每次抽样的时候采用无放回的抽样，这样一来我们便会对我们的迭代次数进行限制，根据这几种方法的迭代规则以及抽样方式，在实验过程中将迭代次数 T 设置为 3333. 但即便是我们将训练集中的每一个数据都利用上了，我们得到的结果依然是不固定的，因为实验的结果依然会受到随机抽样的影响. 但即便如此，我们仍然是可以接受这样的结果的，因为这些在线的算法在解决随机优化的问题时，其收敛性的结果本身就是含有期望的.

表 6.1 三次不同实验得到的参数结果

系数	β_0	β_1	β_2	β_3
1	0.18118857	0.00896482	0.00306508	0.21003194
2	0.182474534	0.004908946	0.004349186	0.227622532
3	0.188972010	0.005168077	−0.000570825	0.227244503

我们在考虑这些方法的收敛性质的时候，由于目标函数本身是无法具体求出的，因此我们要借助经验风险函数，以经验风险函数值代替期望风险函数的值，考虑函数值在每次迭代后的变化，如图 6.1 所示.

图 6.1 中的三条线分别代表三种方法所对应的经验风险函数的值随着迭代次数的变化趋势，左右两图是在同一参数设置下的两次实验结果. 我们可以清楚地看到，相比向前向后分裂算法以及随机梯度下降法，截断梯度法所对应的值下降得更为缓慢，这主要是其迭代方式所导致的，因为根据截断梯度法的更新方法可以看

出，该方法在每 K 步就会对参数进行截断，同时，在没有进行截断的迭代步骤中：

$$\beta_{t+1} = \beta_t - \mu_t g_t^f$$

这个更新参数的公式其实并没有包含正则化项的信息，也就是说，在每 K 次的迭代过程中，有 $K-1$ 次的迭代方法所对应的问题是不带正则化项的随机优化问题，这就导致了它的收敛速率要比另外两种方法略慢一些.

与此同时，我们会发现在图 6.1 中，向前向后分裂算法和随机梯度下降法的下降速度没有太大的差别，只是向前向后分裂算法的曲线更为平滑一些. 这些都和这两种方法的更新方式息息相关，其实我们之前也提到过向前向后分裂算法本身就和随机梯度法比较相似，只是借助了邻近算法，因此这两种方法的曲线才如此靠近，而至于本章中的方法所对应的曲线更为平滑是因为我们在每次的迭代过程中都会加入求平均的操作，因此才得到了这样的效果，但就这两种方法在收敛速率上来说都是次线性的.

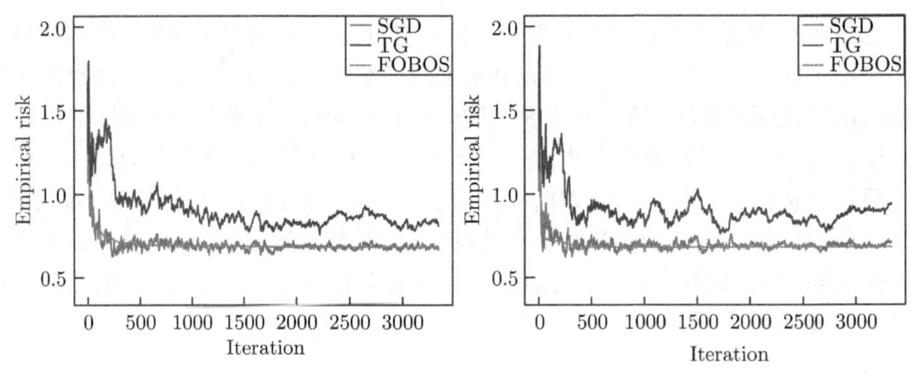

图 6.1　收敛性: 其中 $\lambda = 0.1, \mu_t = 1/\sqrt{t}$

图 6.2 表示，如果我们保持这三种方法的所有参数不变，但我们将同样的实验运行两次，将前后两次的经验风险函数值的差作为因变量，迭代次数作为自变量，可以看到在迭代了几百次后，两次实验的函数差在零点附近扰动，这说明了虽然我们的方法会产生随机的结果，但从函数值来看，都是在逐渐减小并且函数值的差异很小，说明这些方法都有可操作性.

与此同时，为了显示这些在线方法在实验操作中的优点，我们记录了实验的时间如表 6.2.

表 6.2 中的单位均为分钟，我们可以看到即使进行了三千多次迭代，这些方法所花费的时间不过是几秒钟. 这个优势在大数据的背景下显得尤为重要，特别是对于时时更新的数据，只要我们将之前的参数进行了保存，我们可以在瞬间对参数进行更新，这也是为什么在线方法会成为研究的热点.

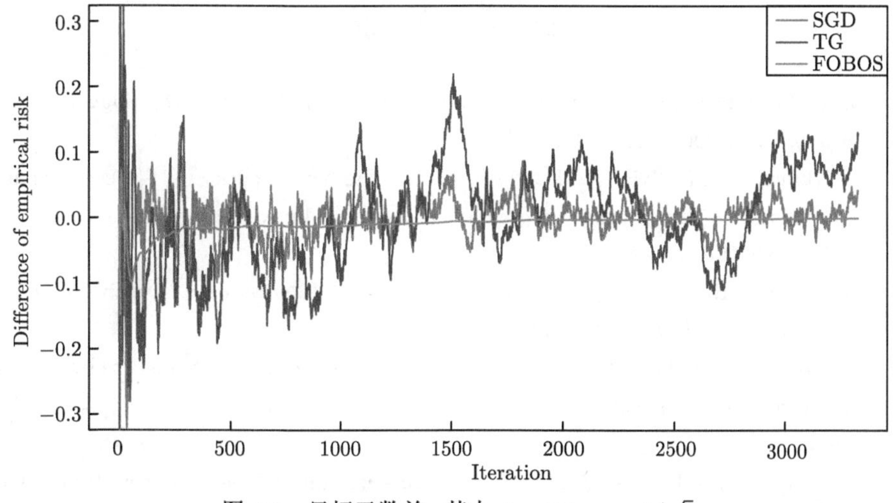

图 6.2　目标函数差：其中 $\lambda = 0.1, \mu_t = 1/\sqrt{t}$

表 6.2　实验时间

次数	1	2	3	4	5
时间	0.00947641	0.01334373	0.02210927	0.01850548	0.0100597

6.6　结　论

在这一章，我们介绍了随机优化问题以及一些相关的方法，其中详细阐述了向前向后分裂算法来求解带正则化项的随机优化问题，并给出了关于向前向后分裂算法 regret bound，并借助于 regret bound 的结论，给出了向前向后分裂算法在求解随机优化问题的收敛速率为 $O(1/\sqrt{t})$，是次线性的，并且这个收敛的结论与期望密不可分，这个结论最终在实验部分也得到了论证，虽然优化得到的系数一般会有不同，但实验的结果都能使目标函数值逐渐减小，并且，从时间上来看，在线的方法具有很大的优势，能够对瞬息万变的数据做出及时的反馈，符合我们当前所处的时代.

参考文献

[1] D. R. Cox. The regression analysis of binary sequences. *Journal of the Royal Statistical Society*, 1958, 20(2): 215–242.

[2] R. Kumar, S. M. Naik, V. D. Naik, et al. Predicting clicks: CTR estimation of advertisements using logistic regression classifier. *Advance Computing Conference*, 2015: 1134–1138.

[3] Nitin Jindal, Bing Liu. Opinion spam and analysis. *International Conference on Web Search & Data Mining*, 2008: 219–230.

[4] B. Baesens, T Van Gestel, S. Viaene, et al. Benchmarking state-of-the-art classification algorithms for credit scoring. *Journal of the Operational Research Society*, 2003, 54(6): 627–635.

[5] Hui Zou, Trevor Hastie. Addendum: Regularization and variable selection via the elastic net. *Journal of the Royal Statistical: Series B*, 2005, 67(5): 768–768.

[6] Ming Yuan, Yi Lin. Model selection and estimation in regression with grouped variables. *Journal of the Royal Statistical Society*, 2006, 68(1): 49–67.

[7] 赵谦, 孟德宇, 徐宗本. L1/2 正则化 logistic 回归. 模式识别与人工智能, 2012, 25(5):721–728.

[8] C. A. Bouman, Ken Sauer. A unified approach to statistical tomography using coordinate descent optimization. *IEEE Transactions on Image Processing A Publication of the IEEE Signal Processing Society*, 1996, 5(3): 480–492.

[9] Han Liu, Mark Palatucci, Jian Zhang. Blockwise coordinate descent procedures for the multi-task lasso, with applications to neural semantic basis discovery. *International Conference on Machine Learning*, 2009: 649–656.

[10] J. Lokhorst. The lasso and generalised linear models. 1999. Technical report, University of Adelaide.

[11] R Tibshirani. Regression selection and shrinkage via the lasso. *Journal of Royal Statistical Society*, 1996: 267–288.

[12] Bradley Efron, Trevor Hastie, Iain Johnstone, et al. Least angle regression. *Annals of Statistics*, 2004, 32(2): 407–451.

[13] David L. Donoho, Iain M. Johnstone. Adapting to unknown smoothness via wavelet shrinkage. *Journal of the American Statistical Association*, 1995, 90(432): 1200–1224.

[14] Jerome Friedman, Trevor Hastie, Robert Tibshirani. Pathwise coordinate optimization. *Annals of Applied Statistics*, 2007, 1(2): 302–332.

[15] Andrew Ng. Efficient l1 regularized logistic regression. *In AAAI-06*, 2006, 1: 1–9.

[16] Mee Young Park, Trevor Hastie. L1-regularization path algorithm for generalized linear models. *Journal of the Royal Statistical Society*, 2006, 69(4): 659–677.

[17] Patrick Breheny, Jian Huang. Coordinate descent algorithms for nonconvex penalized

regression, with applications to biological feature selection. *The annals of applied statistics*, 2011, 5(1): 232.

[18] Kwangmoo, Kim, SeungJean, et al. An interior-point method for large-scale l 1-regularized logistic regression. *IEEE Journal of Selected Topics in Signal Processing*, 2008, 1(4): 606–617.

[19] Jerome Friedman, Trevor Hastie, et al. Regularization paths for generalized linear models via coordinate descent. *Journal of Statistical Software*, 2010, 33(i01): 1.

[20] Guo-Xun Yuan, Chia-Hua Ho, Chih-Jen Lin. An improved GLMNET for l 1-regularized logistic regression. *Journal of Machine Learning Research*, 2012, 13(Jun): 1999–2030.

[21] Paul Tseng, Sangwoon Yun. A coordinate gradient descent method for nonsmooth separable minimization. *Mathematical Programming*, 2009, 117(1):387–423.

[22] Mingyi Hong, Xiangfeng Wang, Meisam Razaviyayn, et al. Iteration complexity analysis of block coordinate descent methods. *Mathematical Programming*, 2013: 1–30.

[23] M. J. D. Powell. On search directions for minimization algorithms. *Mathematical Programming*, 1973, 4(1): 193–201.

[24] Stephen J Wright. Coordinate descent algorithms. *Mathematical Programming*, 2015, 151(1): 3–34.

[25] Yu. Nesterov. Efficiency of coordinate descent methods on huge-scale optimization problems. *Siam Journal on Optimization*, 2010, 22(2010002): 341–362.

[26] Qihang Lin, Zhaosong Lu, Lin Xiao. An accelerated proximal coordinate gradient method and its application to regularized empirical risk minimization. *Siam Journal on Optimization*, 2014, 25(4): 3059–3067.

[27] Peter Richtárik, Martin Takáč. Iteration complexity of randomized block-coordinate descent methods for minimizing a composite function. *Mathematical Programming*, 2014, 144(1): 1–38.

[28] Chih-Jen Lin, Rong-En Fan. Libsvm data: Classification (binary class). https://www.csie.ntu.edu.tw/~cjlin/libsvmtools/datasets/binary.

[29] Meisam Razaviyayn, Mingyi Hong, Zhi Quan Luo, et al. Parallel successive convex approximation for nonsmooth nonconvex optimization. *Advances in Neural Information Processing Systems*, 2014, 2: 1440–1448.

[30] Shai Shalev-Shwartz, Ambuj Tewari. Stochastic methods for ℓ_1 regularized loss minimization. *Journal of Machine Learning Research*, 2011, 12(2): 1865–1892.

[31] Z. Q. Luo, P. Tseng. On the convergence of the coordinate descent method for convex differentiable minimization. *Journal of Optimization Theory and Applications*, 1992, 72(1): 7–35.

[32] Paul Tseng. Convergence of a block coordinate descent method for nondifferentiable minimization. *Journal of optimization theory and applications*, 2001, 109(3): 475–494.

[33] Amir Beck, Luba Tetruashvili. On the convergence of block coordinate descent type methods. *Siam Journal on Optimization*, 2013, 23(4): 2037–2060.

[34] Peter Richtárik, Martin Takáč. Parallel coordinate descent methods for big data optimization. *Mathematical Programming*, 2016, 156(1): 433–484.

[35] Joseph K Bradley, Aapo Kyrola, Danny Bickson, et al. Parallel coordinate descent for l1-regularized loss minimization. *ICML*, 2011.

[36] Ji Liu, Stephen J. Wright. Asynchronous stochastic coordinate descent: Parallelism and convergence properties. *Siam Journal on Optimization*, 2015, 25(1).

[37] Goran Banjac, Kostas Margellos, Paul J Goulart. On the convergence of a regularized jacobi algorithm for convex optimization. *arXiv*, 2016.

[38] Luca Deori, Kostas Margellos, Maria Prandini. A regularized jacobi algorithm for multi-agent convex optimization problems with separable constraint sets. *arXiv*, 2016.

[39] Norman Matloff. *Parallel Computing for Data Science: With Examples in R, C++ and CUDA*. CRC Press, 2015.

[40] T. R. Golub, D. K. Slonim, P. Tamayo, et al. Molecular classification of cancer: Class discovery and class prediction by gene expression monitoring. *Brain Research*, 1999, 501(2): 205–214.

[41] Yangyang Xu. Hybrid jacobian and Gauss-seidel proximal block coordinate update methods for linearly constrained convex programming. *arXiv*, 2016.

[42] L. Bottou, F. E. Curtis, J. Nocedal. Optimization methods for large-scale machine learning. *arXiv*, 2016.

[43] Yurii Nesterov. Primal-dual subgradient methods for convex problems. *Springer-Verlag New York, Inc.*, 2009.

[44] Xiao Lin. Dual averaging methods for regularized stochastic learning and online optimization. *Journal of Machine Learning Research*, 2010: 2543–2596.

[45] P. L. Lions, B. Mercier. Splitting algorithms for the sum of two nonlinear operators. *Siam Journal on Numerical Analysis*, 1979, 16(6): 964–979.

[46] Paul Tseng. A Modified Forward-Backward Splitting Method for Maximal Monotone Mappings. *Society for Industrial and Applied Mathematics*. 2000.

[47] Kristian Bredies. A forward-backward splitting algorithm for the minimization of non-smooth convex functionals in banach space. *Inverse Problems*, 2009, 25(1): 015005.

附录A 凸 优 化

A.1 介 绍

机器学习中的很多情形都是去优化某个函数的值，也就是说，给了一个函数 $f:\mathbb{R}^n\to\mathbb{R}$, 我们想要找到 $x\in\mathbb{R}^n$, 使得 $f(x)$ 极小 (极大). 最小二乘，Logistic 回归和支持向量机都可以看成优化问题.

在通常的情形下，要想找到一个函数的全局最优值可能是个很困难的任务. 然而，如果是凸问题，我们通常能有效地找到全局最优解. 这里的“有效”具有实践和理论的含义：从实践上来说，我们可以在一个可接受的计算时间内解决实际问题，从理论上来说，凸问题的计算时间只是问题规模的一个多项式.

A.2 凸 集

我们首先来介绍一下凸集.

定义 A.1 如果对任意的 $x,y\in C$, $\theta\in\mathbb{R}$, $0\leqslant\theta\leqslant 1$, 满足

$$\theta x+(1-\theta)y\in C$$

我们称集合 C 为凸集.

这个定义意味着如果我们在集合 C 里取两个元素，并且在两个元素间连一条线段，那么这条线段上的每一点都是属于 C 的. 图 A.1 展示了一个凸集和一个非凸集. $\theta x+(1-\theta)y$ 称为 x 和 y 的凸组合.

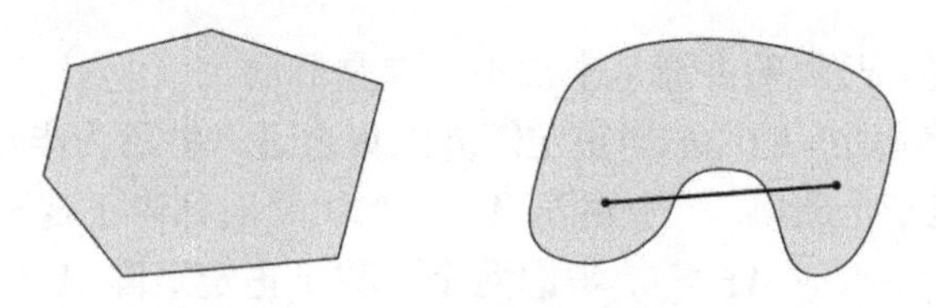

图 A.1 凸集和非凸集的例子

A.2.1 例子

- $\mathbb{R}^n$ 是凸集. 很显然，对于任意的 $x,y\in\mathbb{R}^n$, $\theta x+(1-\theta)y\in\mathbb{R}^n$.

- $\mathbb{R}_+^n$ 是凸集. $\mathbb{R}_+^n = \{x : x_i \geqslant 0 \quad \forall i = 1, \cdots, n\}$，对任意的 $x, y \in \mathbb{R}_+^n$，$0 \leqslant \theta \leqslant 1$,

$$(\theta x + (1-\theta)y)_i = \theta x_i + (1-\theta)y_i \geqslant 0 \quad \forall i \tag{A.1}$$

- 范数球. 令 $\|\cdot\|$ 是 $\mathbb{R}^n$ 上的某个范数. 那么集合 $\{x : \|x\| \leqslant 1\}$ 是凸集. 因为，若 $x, y \in \mathbb{R}^n, \|x\| \leqslant 1, \|y\| \leqslant 1, 0 \leqslant \theta \leqslant 1$. 利用范数的性质可以得到

$$\|\theta x + (1-\theta)y\| \leqslant \|\theta x\| + \|(1-\theta)y\| = \theta\|x\| + (1-\theta)\|y\| \leqslant 1 \tag{A.2}$$

- 仿射子空间和多面体. 给定一个矩阵 $A \in \mathbb{R}^{m\times n}$ 和一个向量 $b \in \mathbb{R}^m$，$\{x \in \mathbb{R}^n : Ax = b\}$ 是一个仿射子空间. 类似地，$\{x \in \mathbb{R}^n : Ax \preceq b\}$ 是多面体，" $\preceq$ " 表示 Ax 的所有分量都小于或等于 b 对应的分量. 接下来，证明仿射子空间和多面体都是凸集. 首先考虑 $x, y \in \mathbb{R}^n$ 并且 $Ax = Ay = b$. 那么对于 $0 \leqslant \theta \leqslant 1$，有

$$A(\theta x + (1-\theta)y) = \theta Ax + (1-\theta)Ay = \theta b + (1-\theta)b = b \tag{A.3}$$

类似地，对于 $x, y \in \mathbb{R}^n$ 并且满足 $Ax \leqslant b, Ay \leqslant b, 0 \leqslant \theta \leqslant 1$, 有

$$A(\theta x + (1-\theta)y) = \theta Ax + (1-\theta)Ay \leqslant \theta b + (1-\theta)b = b \tag{A.4}$$

- 凸集的交. 假设 $C_1, C_2, \cdots, C_k$ 是凸集，则他们的交

$$\bigcap_{i=1}^{k} C_i = \{x : x \in C_i \quad \forall i = 1, \cdots, k\} \tag{A.5}$$

也是凸集. 因为，对于 $x, y \in \bigcap_{i=1}^{k} C_i, 0 \leqslant \theta \leqslant 1$ 有

$$\theta x + (1-\theta)y \in C_i \quad \forall i = 1, \cdots, k \tag{A.6}$$

由凸集的定义，可得

$$\theta x + (1-\theta)y \in \bigcap_{i=1}^{k} C_i \tag{A.7}$$

值得注意的是，凸集的并通常来说不一定是凸的.

- 半正定的矩阵. 所有的对称半正定矩阵的集合通常被称为半正定锥，并且表示为 S_+^n，S_+^n 是一个凸集. 一个矩阵 $A \in \mathbb{R}^{m\times n}$ 是对称半正定矩阵当且仅当 $A = A^T$ 并且 $\forall x \in \mathbb{R}^n, x^T Ax \geqslant 0$. 考虑两个对称半正定矩阵 $A, B \in S_+^n, 0 \leqslant \theta \leqslant 1$，则有 $\forall x \in \mathbb{R}^n$，

$$x^{\mathrm{T}}(\theta A + (1-\theta)B)x = \theta x^{\mathrm{T}}Ax + (1-\theta)x^{\mathrm{T}}Bx \geqslant 0 \tag{A.8}$$

同样也可以证明所有正定，负定或半负定矩阵构成的集合是凸集.

A.3 凸 函 数

凸函数在凸优化问题中占有很重要的地位.

定义 A.2 函数 $f:\mathbb{R}^n \to \mathbb{R}$ 是凸函数, 如果它的定义域 (用 $\mathcal{D}(f)$ 表示) 是一个凸集, 并且 $\forall x, y \in \mathcal{D}(f), \theta \in \mathbb{R}, 0 \leqslant \theta \leqslant 1$,

$$f(\theta x + (1-\theta)y) \leqslant \theta f(x) + (1-\theta)f(y)$$

直观上来看, 如果我们在凸函数的图像上任意选择两点, 并把这两个点连成线段, 则在这两点之间的函数值在线段下面, 图 A.2 展示了凸函数的这个性质.

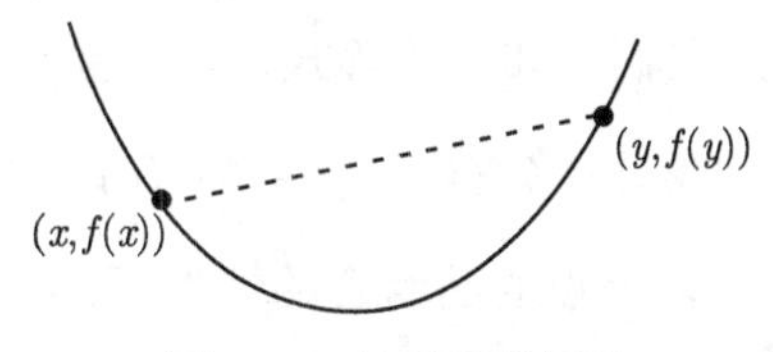

图 A.2 凸函数的图像

A.3.1 凸性的一阶条件

假设函数 $f:\mathbb{R}^n \to \mathbb{R}$ 是可微的, 则 f 是凸的当且仅当 $\mathcal{D}(f)$ 是凸集并且 $\forall x, y \in \mathcal{D}(f)$,

$$f(y) \geqslant f(x) + \nabla_x f(x)^{\mathrm{T}}(y-x) \tag{A.9}$$

函数 $f(x) + \nabla_x f(x)^{\mathrm{T}}(y-x)$ 称为函数 f 在 x 这点的一阶近似. 直观上来看, 这可以被看作是在 x 点用切线去近似 f. 一阶条件说明函数 f 是凸的当且仅当切线是函数 f 的一个下估计. 换句话说, 如果我们在某点画个切线, 则这条切线上的每一点都在对应的函数值的下方.

与凸性的定义类似, f 是严格凸的, 当且仅当上面的不等式严格成立. f 是凹的, 当且仅当上面的不等号变成小于或等于. f 是严格凹的, 当且仅当上面的不等号变成小于.

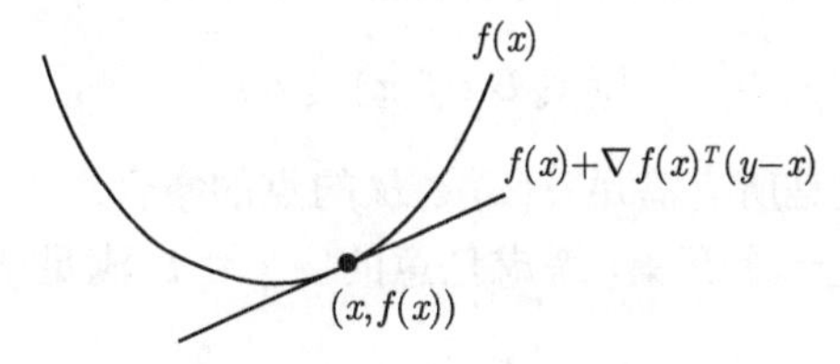

图 A.3 凸函数的一阶性条件的说明

A.3.2 凸性的二阶条件

假设函数 $f:\mathbb{R}^n\to\mathbb{R}$ 是二阶可微的. 函数 f 是凸的当且仅当 $\mathcal{D}(f)$ 是凸集并且它的 Hessian 阵是半正定的，即

$$\forall x\in\mathcal{D}(f),\quad \nabla_x^2 f(x)\succ 0$$

“$\succ$”表示矩阵是半正定的. 如果是一维的情况，等价于二阶导 $f''(x)$ 总是非负的.

与凸的定义和一阶条件类似，函数 f 是严格凸的，如果它的 Hessian 阵是正定的；函数 f 是严格凹的，如果它的 Hessian 阵是负定的；函数 f 是凹的，如果它的 Hessian 阵是半负定的.

A.3.3 Jensen 不等式

由凸函数的基本定义，我们有如下不等式：

$$f(\theta x+(1-\theta)y)\leqslant\theta f(x)+(1-\theta)f(y),\quad 0\leqslant\theta\leqslant 1 \tag{A.10}$$

该不等式可以平行地推广到多个点的凸组合的情形下，即

$$f(\sum_{i=1}^{k}\theta_i x_i)\leqslant\sum_{i=1}^{k}\theta_i f(x_i),\quad 其中\ \sum_{i=1}^{k}\theta_i=1,\theta_i\geqslant 0,\quad 1\leqslant i\leqslant k \tag{A.11}$$

实际上，这也可以推广到无限和或积分的情形下. 在积分的情形下，不等式可以写成如下形式：

$$f\left(\int p(x)x\mathrm{d}x\right)\leqslant\int p(x)f(x)\mathrm{d}x,\quad 其中\quad \int p(x)\mathrm{d}x=1,p(x)\geqslant 0, \tag{A.12}$$

因为 $p(x)$ 积分为 1，可以把它看作一个概率密度，先前的不等式就可以写成期望的形式，

$$f(E[x])\leqslant E[f(x)] \tag{A.13}$$

最后一个不等式称为 Jensen 不等式.

A.3.4 下水平集

由凸函数可以引申出一个很重要的凸集，称为 α- 下水平集. 给定一个凸函数 f: $\mathbb{R}^n\to\mathbb{R}$ 和一个实值 $\alpha\in\mathbb{R}$，α-下水平集的定义如下：

$$\{x\in\mathcal{D}:f(x)\leqslant\alpha\}$$

换句话说，α-下水平集是所有满足 $f(x)\leqslant\alpha$ 的点的集合.

下面我们证明这是一个凸集，考虑任意的 $x,y\in\mathcal{D}$ 满足 $f(x)\leqslant\alpha$ 和 $f(y)\leqslant\alpha$，则

$$f(\theta x+(1-\theta)y)\leqslant\theta f(x)+(1-\theta)f(y)\leqslant\theta\alpha+(1-\theta)\alpha=\alpha$$

A.4 凸优化问题

有了凸函数和凸集的定义，我们接下来考虑凸优化问题. 一个凸优化问题具有以下形式：

$$\begin{aligned} &\text{minimize} \quad f(x) \\ &\text{s.t.} \quad x \in C \end{aligned}$$

其中 f 是凸函数，C 是凸集，x 是凸优化变量. 然而由于上式比较简便，我们通常写成下面的形式：

$$\text{minimize} \quad f(x)$$

$$\begin{aligned} \text{s.t.} \quad & g_i(x) \leqslant 0, \quad i = 1, \cdots, m \\ & h_i(x) = 0, \quad i = 1, \cdots, p \end{aligned}$$

其中 f，$g_i(x)$ 是凸函数，$h_i(x)$ 是仿射函数，x 是优化变量.

我们需要格外注重这些不等号的方向：凸函数 $g_i(x)$ 必须是小于或等于 0. 因为 g_i 的零水平集是凸集，所以可行集是所有凸集的交，也是凸集. (注意到仿射子空间也是凸集). 如果我们是要求 g_i 是凸函数并且 $g_i \geqslant 0$，则可行集就不一定为凸集，问题就不一定是凸问题，我们设计的算法此时不一定能保证找到全局最优值点. 我们还需要注意到，这里的等式约束只有仿射函数，直观上我们可以这么理解：等式约束等价于两个不等式约束，$h_i(x) \leqslant 0$ 和 $h_i(x) \geqslant 0$，然而只有仿射函数能保证这两个约束是有效的，因为仿射函数既是凸的又是凹的.

优化问题的最优值，我们用 p^* 表示 (有时候用 f^* 表示)，p^* 满足

$$p^* = \min\{f(x) : g_i(x) \leqslant 0, i = 1, \cdots, m, h_i(x) = 0, i = 1, \cdots, p\}$$

当问题不可行时，令 $p^* = +\infty$，当问题没有下界时，令 $p^* = -\infty$ 如果，$f(x^*) = p^*$，我们称称 x^* 为最优点，注意到即使最优值有限时，最优点可能有多个.

A.4.1 凸问题的全局最优性

在说明凸问题的全局最优性的结论之前，我们首先来正式地定义局部最优和全局最优的概念. 如果在一个可行点的邻域内，该可行点的函数值最小，则我们称该可行点为局部最优，类似地，如果整个可行域内，某一点的函数值最小，则我们称该点为全局最优. 我们下面给出数学上正式的定义，

定义 A.3 一个可行点 x 是局部最优的，如果它是可行的并且存在某个 $R > 0$，使得所有满足 $\|x - z\|_2 \leqslant R$ 的可行点 z，满足 $f(x) \leqslant f(z)$.

定义 A.4　一个点 x 称为全局最优，如果它是一个可行点，并且对于所有的可行点 z，有 $f(x) \leqslant f(z)$.

对于凸问题来说，所有的局部最优值点就是全局最优值点. 我们给一个快速的证明，假设 x 是一个局部最优点，但不是全局最优点，即，存在可行点 y 使得，$f(x) > f(y)$，由局部最优的定义可得，不存在可行点 z，使得 $\|x-z\| \leqslant R$, 并且 $f(z) < f(x)$. 现在我们选择

$$z = \theta y + (1-\theta)x, \quad \theta = \frac{R}{2\|x-y\|_2}$$

则

$$\begin{aligned}\|x-z\|_2 &= \|x - \left(\frac{R}{2\|x-y\|_2}y + \left(1 - \frac{R}{2\|x-y\|_2}\right)\right)\|_2 \\ &= \|\frac{R}{2\|x-y\|_2}(x-y)\|_2 \\ &= R/2 \leqslant R\end{aligned}$$

另外，由 f 的凸性，可得

$$f(z) = f(\theta y + (1-\theta)x) \leqslant \theta f(y) + (1-\theta)f(x) < f(x) \tag{A.14}$$

进一步得，既然可行集是凸集，x, y 为可行点，$z = \theta y + (1-\theta)x$ 也是可行点. 所以 z 是可行点，并且 $\|x-z\|_2 < R, f(z) < f(x)$. 这和我们的假设矛盾，这表明 x 不是局部最优点.

A.4.2　凸问题的特殊例子

既然凸问题有这么多好的性质，我们很有必要去看一些凸问题的特殊例子，通过这些特殊的例子，我们可以看到一些极其有效的解决凸问题的算法，我们也会看到哪些情形下，我们会用到凸问题的技术.

- 线性规划. 如果目标函数和不等式约束函数都是仿射函数的话，我们称这样的凸问题是线性规划的. 换句话说，这些问题有下列的形式，

$$\begin{aligned}&\text{minimize} \quad c^{\mathrm{T}}x + d \\ &\text{s.t.} \quad Gx \preceq h \\ &\qquad\quad Ax = b\end{aligned}$$

$x \in \mathbb{R}^n$ 是优化变量，$c \in \mathbb{R}^n, d \in \mathbb{R}, G \in \mathbb{R}^{m\times n}, h \in \mathbb{R}^m, A \in \mathbb{R}^{p\times n}, b \in \mathbb{R}^p$，并且"$\preceq$" 代表每个元素都小于或等于.

- 二次规划. 如果不等式约束函数是仿射函数，但是目标函数是凸的二次函数，则我们称这样的问题是二次规划问题. 换句话说，这些问题具有以下形式，

$$\begin{aligned}\text{minimize}\quad & \frac{1}{2}x^{\mathrm{T}}Px+c^{\mathrm{T}}x+d\\ \text{s.t.}\quad & Gx\preceq h\\ & Ax=b\end{aligned}$$

  $x\in\mathbb{R}^n$ 是优化变量，$c\in\mathbb{R}^n,d\in\mathbb{R},G\in\mathbb{R}^{m\times n},h\in\mathbb{R}^m,A\in\mathbb{R}^{p\times n},b\in\mathbb{R}^p$，并且 $P\in S_+^n$ 是对称半正定矩阵.

- 带有二次约束的二次规划问题. 如果目标函数和不等式约束函数都是二次函数的话，我们称这样的问题为带有二次约束的二次规划问题 (QCQP)，

$$\begin{aligned}\text{minimize}\quad & \frac{1}{2}x^{\mathrm{T}}Px+c^{\mathrm{T}}x+d\\ \text{s.t.}\quad & \frac{1}{2}x^TQ_ix+r_i^Tx+s_i\leqslant 0,\quad i=1,\cdots,m\\ & Ax=b.\end{aligned}$$

  $x\in\mathbb{R}^n$ 是优化变量,$c\in\mathbb{R}^n,d\in\mathbb{R},A\in\mathbb{R}^{p\times n},b\in\mathbb{R}^p,P\in S_+^n,Q_i\in S_+^n,r_i\in\mathbb{R}^n,s_i\in\mathbb{R}$, 对 $i=1,\cdots,m$.

- 半定规划. 最后一个例子比之前的都复杂，半定规划在机器学习研究领域越来越流行，你可能会在某些情形下碰到他，所以了解一下它是什么很有必要. 我们说一个凸优化问题是半定规划问题 (SDP)，如果它有下面的形式，

$$\begin{aligned}\text{minimize}\quad & tr(CX)\\ \text{s.t.}\quad & tr(A_iX)=b_i,\quad i=1,\cdots,p\\ & X\succeq 0\end{aligned}$$

  其中，$X\in S^n$ 是优化变量，$C,A_1,\cdots,A_p\in S^n$, 约束 $X\succeq 0$ 表示我们要求 X 是半正定矩阵. 这和我们之前看到的问题不太一样，因为这里的优化变量现在是一个矩阵而不是一个向量. 如果你好奇为什么这样一个表达式很有用，你应该进一步去学习凸优化课程或看一看凸优化的书籍.

  从定义我们可以看出，二次规划比线性规划更普遍 (即使线性规划只是二次规划的一个特例，$P=0$ 时，就是线性规划)，同样地，带有二次约束的二次规划比二次规划更普遍. 然而事实上，半定规划比之前所有的情形都普遍，带有二次约束的二次规划可以表达成一个半定规划问题. 我们不会进一步的讨论他们之间的关系，这里仅仅告诉你为什么半定规划很重要.

A.5 拉格朗日对偶

通常来说，拉格朗日对偶理论是研究凸问题的最优解. 我们在前面已经看到，当极小化可微的凸函数 $f(x)$ 时，全局最优解的充要条件是 $\nabla_x f(x^*) = 0$ 如果优化问题带有约束，最优性条件就没有这么简单了. 对偶理论一个主要的目标就是找到凸问题最优解的条件.

我们首先简单介绍一下拉格朗日对偶理论和它对具有如下形式的普通的可微的凸优化问题的应用：

$$\begin{aligned}
\text{minimize} \quad & f(x) \\
\text{s. t.} \quad & g_i(x) \leqslant 0, \quad i = 1, \cdots, m \\
& h_i(x) = 0, \quad i = 1, \cdots, p
\end{aligned}$$

$x \in \mathbb{R}^n$ 是优化变量，$f : \mathbb{R}^n \to \mathbb{R}, g_i : \mathbb{R}^n \to \mathbb{R}$ 是可微的凸函数，$h_i(x) : \mathbb{R}^n \to \mathbb{R}$ 是仿射函数.

A.5.1 拉格朗日函数

在这一节，我们介绍拉格朗日函数，拉格朗日函数是拉格朗日对偶的基础. 给定一个带有约束的凸优化问题，拉格朗日函数 $\mathcal{L} : \mathbb{R}^n \times \mathbb{R}^m \times \mathbb{R}^p \to \mathbb{R}$，定义如下：

$$\mathcal{L}(x, \alpha, \beta) = f(x) + \sum_{i=1}^{m} \alpha_i g_i(x) + \sum_{i=1}^{p} \beta_i h_i(x) \tag{A.15}$$

拉格朗日函数的第一个变量是优化变量，$x \in \mathbb{R}^n$，按照惯例，我们称 x 为拉格朗日函数的原变量. 拉格朗日函数的第二项是个向量 $\alpha \in \mathbb{R}^m$，每个分量对应于每个不等式约束. 拉格朗日函数的第三项也是一个向量 $\beta \in \mathbb{R}^p$，每个分量对应着一个等式约束. α 和 β 统称为拉格朗日函数的对偶变量或拉格朗日乘子.

拉格朗日函数直观上可以看成考虑了约束后的原问题的一个变形. 拉格朗日乘子 α_i 和 β_i 可以被看作成违反了不同约束的一种花费. 拉格朗日对偶背后的关键直观解释如下：对于任何凸问题来说，总存在对偶变量的集合，使得无约束的拉格朗日的解和带有约束的原问题的解一致. 我们后面会看到这个直观解释就反映在 KKT 条件里.

A.5.2 拉格朗日对偶问题

为了说明拉格朗日问题和原来的凸问题的联系，我们用原问题和对偶问题来表达.

原问题：

考虑下面的优化问题：

$$\min_x \underbrace{\left[\max_{\alpha,\beta:\alpha_i\geqslant 0,\forall i} \mathcal{L}(x,\alpha,\beta)\right]}_{\theta_p(x)} = \min_x \theta_p(x) \tag{A.16}$$

在上面的等式中，函数 $\theta_p:\mathbb{R}^n\to\mathbb{R}$ 被称为原目标，右边的无约束极小化问题被称为原问题. 通常来说，我们说一个点 $x\in\mathbb{R}^n$ 是原问题可行的，如果 $g_i(x)\leqslant 0, i=1,\cdots,m, h_i(x)=0, i=1,\cdots,p$ 我们用向量 $x^*\in\mathbb{R}^n$ 来表示 A.16 的解，并且令 $p^*=\theta_p(x^*)$ 表示原目标的最优值.

对偶问题：

通过把上面的极小和极大换个位置，我们会得到一个完全不同的优化问题，

$$\max_{\alpha,\beta:\alpha_i\geqslant 0,\forall i} \underbrace{\left[\min_x \mathcal{L}(x,\alpha,\beta)\right]}_{\theta_D(x)} = \max_{\alpha,\beta:\alpha_i\geqslant 0,\forall i} \theta_D(\alpha,\beta) \tag{A.17}$$

函数 $\theta_D:\mathbb{R}^m\times\mathbb{R}^p\to R$ 被称为对偶目标函数，右边的有约束的极大化问题就是我们熟知的对偶问题. 通常来说，我们说 (α,β) 是对偶可行的，如果 $\alpha_i\geqslant 0, i=1,\cdots,m$ 我们用一对向量 $(\alpha^*,\beta^*)\in\mathbb{R}^m\times\mathbb{R}^p$ 表示上述 A.17 的解，我们令 $d^*=\theta_D(\alpha^*,\beta^*)$ 表示对偶目标函数的最优值.

A.5.3 原问题的解释

首先，观察到原目标函数 θ_p 是 x 的一个凸函数. 注意到，

$$\theta_p(x) = \max_{\alpha,\beta:\alpha_i\geqslant 0,\forall i} \mathcal{L}(x,\alpha,\beta) \tag{A.18}$$

$$= \max_{\alpha,\beta:\alpha_i\geqslant 0,\forall i} \left[f(x)+\sum_{i=1}^m \alpha_i g_i(x)+\sum_{i=1}^p \beta_i h_i(x)\right] \tag{A.19}$$

$$= f(x)+\max_{\alpha,\beta:\alpha_i\geqslant 0,\forall i} \left[\sum_{i=1}^m \alpha_i g_i(x)+\sum_{i=1}^p \beta_i h_i(x)\right] \tag{A.20}$$

式 (A.19)=(A.20) 是因为 $f(x)$ 不依赖于 α,β 如果仅仅考虑括号里面的项，需要注意的是：

- 如果 $g_i(x)>0$, 通过让对应的 α_i 充分大，会使得函数值充分大，如果 $g_i(x)\leqslant 0$, 则 α_i 非负的要求意味着要想达到最大，α_i 必须为 0.
- 类似地，如果 $h_i(x)\neq 0$，则极大化括号里面的表达式意味着可以选取 β_i 与 $h_i(x)$ 同号，这样目标函数可以任意大. 然而，如果 $h_i(x)=0$，则最大值是 0，独立于 β_i.

把这两个情形放在一起，我们看到如果 x 是原问题可行的 (即 $g_i(x) \leqslant 0, i = 1, \cdots, m, h_i(x) = 0, i = 1, \cdots, p$)，则括号里的表达式的最大值为 0，但是如果违背了任何一个约束，则最大值是 ∞. 我们可以写成如下形式：

$$\theta_p(x) = \underbrace{f(x)}_{\text{原目标函数}} + \begin{cases} 0, & \text{如果 } x \text{ 是原问题可行点} \\ \infty, & \text{如果 } x \text{ 不是原问题的可行点} \end{cases} \tag{A.21}$$

所以我们可以把原目标函数 $\theta_p(x)$ 理解成原始问题的目标函数的一个变形，不同的是，不可行点的函数值为 ∞. 直观上来说，我们可以考虑

$$\max_{\alpha,\beta:\alpha_i \geqslant 0, \forall i} \left[\sum_{i=1}^{m} \alpha_i g_i(x) + \sum_{i=1}^{p} \beta_i h_i(x)\right] = \begin{cases} 0, & \text{如果 } x \text{ 是原问题可行点} \\ \infty, & \text{如果 } x \text{ 不是原问题的可行点} \end{cases} \tag{A.22}$$

式 (A.22) 可以看成是一种障碍函数，障碍函数会阻止我们考虑不可行的点作为优化问题的候选解.

A.5.4 对偶问题的解释

对偶目标函数，$\theta_D(\alpha, \beta)$ 是 α, β 的一个凹函数. 为了解释对偶问题，我们首先提出下面的一个引理.

引理 A.1 如果 (α, β) 是对偶可行的，则 $\theta_D(\alpha, \beta) \leqslant p^*$.

证明 观察到

$$\begin{aligned} \theta_D(\alpha, \beta) &= \min_x \mathcal{L}(x, \alpha, \beta) && \text{(A.23)} \\ &\leqslant \mathcal{L}(x, \alpha, \beta) && \text{(A.24)} \\ &= f(x^*) + \sum_{i=1}^{m} \alpha_i g_i(x) + \sum_{i=1}^{p} \beta_i h_i(x) && \text{(A.25)} \\ &\leqslant f(x^*) = p^* && \text{(A.26)} \end{aligned}$$

□

上面的证明中的第一步和第三部分别根据对偶目标函数和拉格朗日函数的定义. 第二步可以直接得到，最后一步是因为 x^* 是原问题可行的，(α, β) 是对偶可行的，所以 (A.22) 可以推出 (A.25) 的后两项都是非负的.

引理表明给定任何的对偶可行 (α, β)，对偶函数 $\theta_D(\alpha, \beta)$ 为最优值 p^* 提供了一个下界. 既然对偶问题是在对偶可行空间上极大化对偶目标函数，所以对偶问题可以看作是在搜索 p^* 的尽可能紧的下界. 这就会引出弱对偶的概念.

引理 A.2 弱对偶：对于任意的原问题和对偶问题，都有 $d^* \leqslant p^*$.

显然，弱对偶是引理 A.2 的结果. 对于某些原优化问题或对偶优化问题来说，一个更强的结论会成立，称为强对偶.

引理 A.3 强对偶：对于任意满足正则性条件的原问题和对偶问题来说，$d^*=p^*$.

许多不同的正则性条件存在，最平常的一个正则性条件就是 Slater 条件，即存在使得不等式约束严格成立的可行点 (即 $g_i(x)<0, i=1,\cdots,m$). 实际上，几乎所有的凸问题都满足某个正则性条件，所以原问题和对偶问题会有相同的最优值.

A.5.5 互补松弛条件

满足强对偶的凸优化问题的一个格外有趣的结果是互补松弛条件：

引理 A.4 互补松弛条件：如果强对偶成立，则 $\alpha^* g(x_i^*)=0, \quad i=1,\cdots,m$.

证明 假设强对偶成立. 我们可以看到

$$p^* = d^* = \theta_D(\alpha^*, \beta^*) = \min_x \mathcal{L}(x, \alpha^*, \beta^*) \tag{A.27}$$

$$\leqslant \mathcal{L}(x, \alpha^*, \beta^*) \tag{A.28}$$

$$= f(x^*) + \sum_{i=1}^{m} \alpha^* g_i(x^*) + \sum_{i=1}^{p} \beta_i^* h_i(x^*) \tag{A.29}$$

$$\leqslant f(x^*) = p^* \tag{A.30}$$

□

我们可以自然地得到，

$$\sum_{i=1}^{m} \alpha^* g_i(x^*) + \sum_{i=1}^{p} \beta_i^* h_i(x^*) = 0 \tag{A.31}$$

注意到，α_i^* 是非负的，$g_i(x^*)$ 也是非正的，而 x^* 是可行的，则有 $h_i(x^*)=0$，所以 A.31 成立并且 $\forall i=1,\cdots,m, \quad \alpha_i^* g_i(x^*)=0$.

互补松弛条件可以写成很多等价的形式. 一种比较特殊的形式如下：

$$\alpha_i^* > 0 \Longrightarrow g_i(x^*) = 0 \tag{A.32}$$

$$g_i(x^*) < 0 \Longrightarrow \alpha_i^* = 0 \tag{A.33}$$

从以上形式，我们可以看出，当 $\alpha^*>0$ 时，会导致对应的不等式约束函数等于 0，我们称这是积极的约束. 在支持向量机的例子中，积极的约束也被称为支撑向量.

A.5.6 KKT 条件

在讨论了以上内容后，我们现在通过原变量和对偶变量给出凸问题的最优性条件. 我们有下面的定理：

定理 A.1 假设 $x^* \in \mathbb{R}^n, \alpha^* \in \mathbb{R}^m, \beta^* \in \mathbb{R}^p$ 满足下面的条件.

(1) 原问题可行性条件: $g_i(x^*) \leqslant 0, i = 1, \cdots, m, \quad h_i(x^*) = 0, i = 1, \cdots, p$;

(2) 对偶可行性条件: $\alpha_i^* \geqslant 0, i = 1, \cdots, m$;

(3) 互补松弛条件: $\forall i = 1, \cdots, m, \quad \alpha_i^* g_i(x^*) = 0$;

(4) 拉格朗日函数的稳定性: $\nabla_x \mathcal{L}(x, \alpha^*, \beta^*) = 0$;

则称 x^* 是原问题最优值点, (α^*, β^*) 是对偶最优. 进一步地, 如果强对偶成立, 则任何原问题的最优解 x^* 和对偶最优解 (α^*, β^*) 一定满足条件 (1),(2),(3),(4).

这些条件称为 **Karush-Kuhn-Tucker (KKT)** 条件.

附录B　常用分布表

B.1　t 分 布 表

$$P\{T > t_n(\alpha)\} = \alpha$$

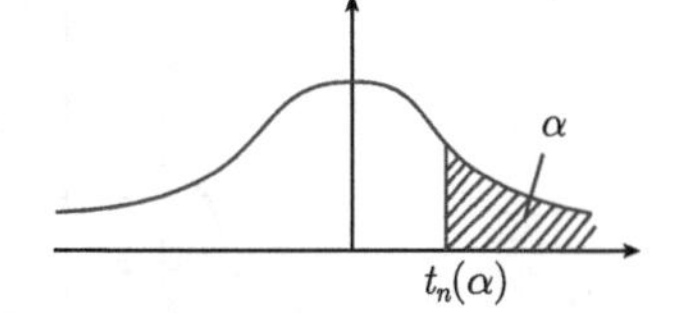

n	α =0.25	0.10	0.05	0.025	0.01	0.005
1	1.0000	3.0777	6.3183	12.7062	31.8207	63.6574
2	0.8165	1.8856	2.9200	4.3027	6.9646	9.9248
3	0.7649	1.6377	2.3534	3.1824	4.5407	5.8409
4	0.7407	1.5332	2.1318	2.7764	3.7469	4.6041
5	0.7267	1.4759	2.0150	2.5706	3.3649	4.0322
6	0.7176	1.4398	1.9432	2.4469	3.1427	3.7074
7	0.7111	1.4149	1.8946	2.3646	2.9980	3.4995
8	0.7064	1.3968	1.8595	2.3060	2.8965	3.3554
9	0.7027	1.3830	1.8331	2.2622	2.8214	3.2498
10	0.6998	1.3722	1.8125	2.2281	2.7638	3.1693
11	0.6974	1.3634	1.7959	2.2010	2.7181	3.1058
12	0.6955	1.3562	1.7823	2.1788	2.6810	3.0545
13	0.6938	1.3502	1.7709	2.1604	2.6503	3.0123
14	0.6924	1.3450	1.7613	2.1448	2.6245	2.9768
15	0.6912	1.3406	1.7531	2.1315	2.6025	2.9467
16	0.6901	1.3368	1.7459	2.1199	2.5835	2.9208
17	0.6892	1.3334	1.7396	2.1098	2.5669	2.8982
18	0.6884	1.3304	1.7341	2.1009	2.5524	2.8784
19	0.6876	1.3277	1.7291	2.0930	2.5395	2.8609
20	0.6870	1.3253	1.7247	2.0860	2.5280	2.8453
21	0.6864	1.3232	1.7207	2.0796	2.5177	2.8314
22	0.6858	1.3212	1.7171	2.0739	2.5083	2.8188
23	0.6853	1.3195	1.7139	2.0687	2.4999	2.8073
24	0.6848	1.3178	1.7109	2.0639	2.4922	2.7969
25	0.6844	1.3163	1.7081	2.0595	2.4851	2.7874
26	0.6840	1.3150	1.7056	2.0555	2.4786	2.7787
27	0.6837	1.3137	1.7033	2.0518	2.4727	2.7707
28	0.6834	1.3125	1.7011	2.0484	2.4671	2.7633
29	0.6830	1.3114	1.6991	2.0452	2.4620	2.7564
30	0.6828	1.3104	1.6973	2.0423	2.4573	2.7500
31	0.6825	1.3095	1.6955	2.0395	2.4528	2.7440
32	0.6822	1.3086	1.6939	2.0369	2.4487	2.7385
33	0.6820	1.3077	1.6924	2.0345	2.4448	2.7333
34	0.6818	1.3070	1.6909	2.0322	2.4411	2.7284
35	0.6816	1.3062	1.6896	2.0301	2.4377	2.7238
36	0.6814	1.3055	1.6883	2.0281	2.4345	2.7195
37	0.6812	1.3049	1.6871	2.0262	2.4314	2.7154
38	0.6810	1.3042	1.6860	2.0244	2.4286	2.7116
39	0.6808	1.3036	1.6849	2.0227	2.4258	2.7079
40	0.6807	1.3031	1.6839	2.0211	2.4233	2.7045
41	0.6805	1.3025	1.6829	2.0195	2.4208	2.7012
42	0.6804	1.3020	1.6820	2.0181	2.4185	2.6981
43	0.6802	1.3016	1.6811	2.0167	2.4163	2.6951
44	0.6801	1.3011	1.6802	2.0154	2.4141	2.6923
45	0.6800	1.3006	1.6794	2.0141	2.4121	2.6896

B.2 F 分布表

$$P\{F > F_{m,n}(\alpha)\} = \alpha$$

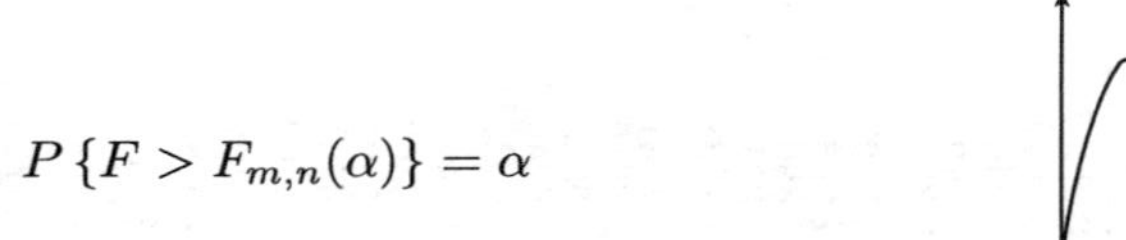

$\alpha = 0.10$

n \ m	1	2	3	4	5	6	7	8	9	10	12	15	20	24	30	40	60	120	∞
1	39.86	49.50	53.59	55.83	57.24	58.20	58.91	59.44	59.86	60.19	60.71	61.22	61.74	62.00	62.26	62.53	62.79	63.06	63.33
2	8.53	9.00	9.16	9.24	9.29	9.33	9.35	9.37	9.38	9.39	9.41	9.42	9.44	9.45	9.46	9.47	9.47	9.48	9.49
3	5.54	5.46	5.39	5.34	5.31	5.28	5.27	5.25	5.24	5.23	5.22	5.20	5.18	5.18	5.17	5.16	5.15	5.14	5.13
4	4.54	4.32	4.19	4.11	4.05	4.01	3.98	3.95	3.94	3.92	3.90	3.87	3.84	3.83	3.82	3.80	3.79	3.78	4.76
5	4.06	3.78	3.62	3.52	3.45	3.40	3.37	3.34	3.32	3.30	3.27	3.24	3.21	3.19	3.17	3.16	3.14	3.12	3.10
6	3.78	3.46	3.29	3.18	3.11	3.05	3.01	2.98	2.96	2.94	2.90	2.87	2.84	2.82	2.80	2.78	2.76	2.47	2.72
7	3.59	3.26	3.07	2.96	2.88	2.83	2.78	2.75	2.72	2.70	2.67	2.63	2.59	2.58	2.56	2.54	2.51	2.49	2.47
8	3.46	3.11	2.92	2.81	2.73	2.67	2.62	2.59	2.56	2.54	2.50	2.46	2.42	2.40	2.38	2.36	2.34	2.32	2.29
9	3.36	3.01	2.81	2.69	2.61	2.55	2.51	2.47	2.44	2.42	2.38	2.34	2.30	2.28	2.25	2.23	2.21	2.18	2.16
10	3.29	2.92	2.73	2.61	2.52	2.46	2.41	2.38	2.35	2.32	2.28	2.24	2.20	2.18	2.16	2.13	2.11	2.08	2.06
11	3.23	2.86	2.66	2.54	2.45	2.39	2.34	2.30	2.27	2.25	2.21	2.17	2.12	2.10	2.08	2.05	2.03	2.00	1.97
12	3.18	2.81	2.61	2.48	2.39	2.33	2.28	2.24	2.21	2.19	2.15	2.10	2.06	2.04	2.01	1.99	1.96	1.93	1.90
13	3.14	2.76	2.56	2.43	2.35	2.28	2.23	2.20	2.16	2.14	2.10	2.05	2.01	1.98	1.96	1.93	1.90	1.88	1.85
14	3.10	2.73	2.52	2.39	2.31	2.24	2.19	2.15	2.12	2.10	2.05	2.01	1.96	1.94	1.91	1.89	1.86	1.83	1.80
15	3.07	2.70	2.49	2.36	2.27	2.21	2.16	2.12	2.09	2.06	2.02	1.97	1.92	1.90	1.87	1.85	1.82	1.79	1.76
16	3.05	2.67	2.46	2.33	2.24	2.18	2.13	2.09	2.06	2.03	1.99	1.94	1.89	1.87	1.84	1.81	1.78	1.75	1.72

续表

$\alpha = 0.10$

$n \backslash m$	1	2	3	4	5	6	7	8	9	10	12	15	20	24	30	40	60	120	∞
17	3.03	2.64	2.44	2.31	2.22	2.15	2.10	2.06	2.03	2.00	1.96	1.91	1.86	1.84	1.81	1.78	1.75	1.72	1.69
18	3.01	2.62	2.42	2.29	2.20	2.13	2.08	2.04	2.00	1.98	1.93	1.89	1.84	1.81	1.78	1.75	1.72	1.69	1.66
19	2.99	2.61	2.40	2.27	2.18	2.11	2.06	2.02	1.98	1.96	1.91	1.86	1.81	1.79	1.76	1.73	1.70	1.67	1.63
20	2.97	2.59	2.38	2.25	2.16	2.09	2.04	2.00	1.96	1.94	1.89	1.84	1.79	1.77	1.74	1.71	1.68	1.64	1.61
21	2.96	2.57	2.36	2.23	2.14	2.08	2.02	1.98	1.95	1.92	1.87	1.83	1.78	1.75	1.72	1.69	1.66	1.62	1.59
22	2.95	2.56	2.35	2.22	2.13	2.06	2.01	1.97	1.93	1.90	1.86	1.81	1.76	1.73	1.70	1.67	1.64	1.60	1.57
23	2.94	2.55	2.34	2.21	2.11	2.05	1.99	1.95	1.92	1.89	1.84	1.80	1.74	1.72	1.69	1.66	1.62	1.59	1.55
24	2.93	2.54	2.33	2.19	2.10	2.04	1.98	1.94	1.91	1.88	1.83	1.78	1.73	1.70	1.67	1.64	1.61	1.57	1.53
25	2.92	2.53	2.32	2.18	2.09	2.02	1.97	1.93	1.89	1.87	1.82	1.77	1.72	1.69	1.66	1.63	1.59	1.56	1.52
26	2.91	2.52	2.31	2.17	2.08	2.01	1.96	1.92	1.88	1.86	1.81	1.76	1.71	1.68	1.65	1.61	1.58	1.54	1.50
27	2.90	2.51	2.30	2.17	2.07	2.00	1.95	1.91	1.87	1.85	1.80	1.75	1.70	1.67	1.64	1.60	1.57	1.53	1.49
28	2.89	2.50	2.29	2.16	2.06	2.00	1.94	1.90	1.87	1.84	1.79	1.74	1.69	1.66	1.63	1.59	1.56	1.52	1.48
29	2.89	2.50	2.28	2.15	2.06	1.99	1.93	1.89	1.86	1.83	1.78	1.73	1.68	1.65	1.62	1.58	1.55	1.51	1.47
30	2.88	2.49	2.28	2.14	2.05	1.98	1.93	1.88	1.85	1.82	1.77	1.72	1.67	1.64	1.61	1.57	1.54	1.50	1.46
40	2.84	2.44	2.23	2.09	2.00	1.93	1.87	1.83	1.79	1.76	1.71	1.66	1.61	1.57	1.54	1.51	1.47	1.42	1.38
60	2.79	2.39	2.18	2.04	1.95	1.87	1.82	1.77	1.74	1.71	1.66	1.60	1.54	1.51	1.48	1.44	1.40	1.35	1.29
120	2.75	2.35	2.13	1.99	1.90	1.82	1.77	1.72	1.68	1.65	1.60	1.55	1.48	1.45	1.41	1.37	1.32	1.26	1.19
∞	2.71	2.30	2.08	1.94	1.85	1.77	1.72	1.67	1.63	1.60	1.55	1.49	1.42	1.38	1.34	1.30	1.24	1.17	1.00

$\alpha = 0.05$

$n \backslash m$	1	2	3	4	5	6	7	8	9	10	12	15	20	24	30	40	60	120	∞
1	161.4	199.5	215.7	224.6	230.2	234.0	236.8	238.9	240.5	241.9	243.9	245.9	248.0	249.1	250.1	251.1	252.2	253.3	254.3
2	18.51	19.00	19.16	19.25	19.30	19.33	19.35	19.37	19.38	19.40	19.41	19.43	19.45	19.45	19.46	19.47	19.48	19.49	19.50
3	10.13	9.55	9.28	9.12	9.01	8.94	8.89	8.85	8.81	8.79	8.74	8.70	8.66	8.64	8.62	8.59	8.57	8.55	8.53
4	7.71	6.94	6.59	6.39	6.26	6.16	6.09	6.04	6.00	5.96	5.91	5.86	5.80	5.77	5.75	5.72	5.69	5.66	5.63

续表

$\alpha = 0.05$

n \ m	1	2	3	4	5	6	7	8	9	10	12	15	20	24	30	40	60	120	∞
5	6.61	5.79	5.41	5.19	5.05	4.95	4.88	4.82	4.77	4.74	4.68	4.62	4.56	4.53	4.50	4.46	4.43	4.40	4.36
6	5.99	5.14	4.76	4.53	4.39	4.28	4.21	4.15	4.10	4.06	4.00	3.94	3.87	3.84	3.81	3.77	3.74	3.70	3.67
7	5.59	4.74	4.35	4.12	3.97	3.87	3.79	3.73	3.68	3.64	3.57	3.51	3.44	3.41	3.38	3.34	3.30	3.27	3.23
8	5.32	4.46	4.07	3.84	3.69	3.58	3.50	3.44	3.39	3.35	3.28	3.22	3.15	3.12	3.08	3.04	3.01	2.97	2.93
9	5.12	4.26	3.86	3.63	3.48	3.37	3.29	3.23	3.18	3.14	3.07	3.01	2.94	2.90	2.86	2.83	2.79	2.75	2.71
10	4.96	4.10	3.71	3.48	3.33	3.22	3.14	3.07	3.02	2.98	2.91	2.85	2.77	2.74	2.70	2.66	2.62	2.58	2.54
11	4.84	3.98	3.59	3.36	3.20	3.09	3.01	2.95	2.90	2.85	2.79	2.72	2.65	2.61	2.57	2.53	2.49	2.45	2.40
12	4.75	3.89	3.49	3.26	3.11	3.00	2.91	2.85	2.80	2.75	2.69	2.62	2.54	2.51	2.47	2.43	2.38	2.34	2.30
13	4.67	3.81	3.41	3.18	3.03	2.92	2.83	2.77	2.71	2.67	2.60	2.53	2.46	2.42	2.38	2.34	2.30	2.25	2.21
14	4.60	3.74	3.34	3.11	2.96	2.85	2.76	2.70	2.65	2.60	2.53	2.46	2.39	2.35	2.31	2.27	2.22	2.18	2.13
15	4.54	3.68	3.29	3.06	2.90	2.79	2.71	2.64	2.59	2.54	2.48	2.40	2.33	2.29	2.25	2.20	2.16	2.11	2.07
16	4.49	3.63	3.24	3.01	2.85	2.74	2.66	2.59	2.54	2.49	2.42	2.35	2.28	2.24	2.19	2.15	2.11	2.06	2.01
17	4.45	3.59	3.20	2.96	2.81	2.70	2.61	2.55	2.49	2.45	2.38	2.31	2.23	2.19	2.15	2.10	2.06	2.01	1.96
18	4.41	3.55	3.16	2.93	2.77	2.66	2.58	2.51	2.46	2.41	2.34	2.27	2.19	2.15	2.11	2.06	2.02	1.97	1.92
19	4.38	3.52	3.13	2.90	2.74	2.63	2.54	2.48	2.42	2.38	2.31	2.23	2.16	2.11	2.07	2.03	1.98	1.93	1.88
20	4.35	3.49	3.10	2.87	2.71	2.60	2.51	2.45	2.39	2.35	2.28	2.20	2.12	2.08	2.04	1.99	1.95	1.90	1.84
21	4.32	3.47	3.07	2.84	2.68	2.57	2.49	2.42	2.37	2.32	2.25	2.18	2.10	2.05	2.01	1.96	1.92	1.87	1.81
22	4.30	3.44	3.05	2.82	2.66	2.55	2.46	2.40	2.34	2.30	2.23	2.15	2.07	2.03	1.98	1.94	1.89	1.84	1.78
23	4.28	3.42	3.03	2.80	2.64	2.53	2.44	2.37	2.32	2.27	2.20	2.13	2.05	2.01	1.96	1.91	1.86	1.81	1.76
24	4.26	3.40	3.01	2.78	2.62	2.51	2.42	2.36	2.30	2.25	2.18	2.11	2.03	1.98	1.94	1.89	1.84	1.79	1.73

续表

$\alpha = 0.05$

n \ m	1	2	3	4	5	6	7	8	9	10	12	15	20	24	30	40	60	120	∞
25	4.24	3.39	2.99	2.76	2.60	2.49	2.40	2.34	2.28	2.24	2.16	2.09	2.01	1.96	1.92	1.87	1.82	1.77	1.71
26	4.23	3.37	2.98	2.74	2.59	2.47	2.39	2.32	2.27	2.22	2.15	2.07	1.99	1.95	1.90	1.85	1.80	1.75	1.69
27	4.21	3.35	2.96	2.73	2.57	2.46	2.37	2.31	2.25	2.20	2.13	2.06	1.97	1.93	1.88	1.84	1.79	1.73	1.67
28	4.20	3.34	2.95	2.71	2.56	2.45	2.36	2.29	2.24	2.19	2.12	2.04	1.96	1.91	1.87	1.82	1.77	1.71	1.65
29	4.18	3.33	2.93	2.70	2.55	2.43	2.35	2.28	2.22	2.18	2.10	2.03	1.94	1.90	1.85	1.81	1.75	1.70	1.64
30	4.17	3.32	2.92	2.69	2.53	2.42	2.33	2.27	2.21	2.16	2.09	2.01	1.93	1.89	1.84	1.79	1.74	1.68	1.62
40	4.08	3.23	2.84	2.61	2.45	2.34	2.25	2.18	2.12	2.08	2.00	1.92	1.84	1.79	1.74	1.69	1.64	1.58	1.51
60	4.00	3.15	2.76	2.53	2.37	2.25	2.17	2.10	2.04	1.99	1.92	1.84	1.75	1.70	1.65	1.59	1.53	1.47	1.39
120	3.92	3.07	2.68	2.45	2.29	2.17	2.09	2.02	1.96	1.91	1.83	1.75	1.66	1.61	1.55	1.50	1.43	1.35	1.25
∞	3.84	3.00	2.60	2.37	2.21	2.10	2.01	1.94	1.88	1.83	1.75	1.67	1.57	1.52	1.46	1.39	1.32	1.22	1.00

$\alpha = 0.025$

n \ m	1	2	3	4	5	6	7	8	9	10	12	15	20	24	30	40	60	120	∞
1	647.8	799.5	864.2	899.6	921.8	937.1	948.2	956.7	963.3	968.6	976.7	984.9	993.1	997.2	1001	1006	1010	1014	1018
2	38.51	39.00	39.17	39.25	39.30	39.33	39.36	39.37	39.39	39.40	39.41	39.43	39.45	39.46	39.46	39.47	39.48	39.49	39.50
3	17.44	16.04	15.44	15.10	14.88	14.73	14.62	14.54	14.47	14.42	14.34	14.25	14.17	14.12	14.08	14.04	13.99	13.95	13.90
4	12.22	10.65	9.98	9.60	9.36	9.20	9.07	8.98	8.90	8.84	8.75	8.66	8.56	8.51	8.46	8.41	8.36	8.31	8.26
5	10.01	8.43	7.76	7.39	7.15	6.98	6.85	6.76	6.68	6.62	6.52	6.43	6.33	6.28	6.23	6.18	6.12	6.07	6.02
6	8.81	7.26	6.60	6.23	5.99	5.82	5.70	5.60	5.52	5.46	5.37	5.27	5.17	5.12	5.07	5.01	4.96	4.90	4.85
7	8.07	6.54	5.89	5.52	5.29	5.12	4.99	4.90	4.82	4.76	4.67	4.57	4.47	4.42	4.36	4.31	4.25	4.20	4.14
8	7.57	6.06	5.42	5.05	4.82	4.65	4.53	4.43	4.36	4.30	4.20	4.10	4.00	3.95	3.89	3.84	3.78	3.73	3.67
9	7.21	5.71	5.08	4.72	4.48	4.23	4.20	4.10	4.03	3.96	3.87	3.77	3.67	3.61	3.56	3.51	3.45	3.39	3.33
10	6.94	5.46	4.83	4.47	4.24	4.07	3.95	3.85	3.78	3.72	3.62	3.52	3.42	3.37	3.31	3.26	3.20	3.14	3.08
11	6.72	5.26	4.63	4.28	4.04	3.88	3.76	3.66	3.59	3.53	3.43	3.33	3.23	3.17	3.12	3.06	3.00	2.94	2.88
12	6.55	5.10	4.47	4.12	3.89	3.73	3.61	3.51	3.44	3.37	3.28	3.18	3.07	3.02	2.96	2.91	2.85	2.79	2.72

续表

$\alpha = 0.025$

n \ m	1	2	3	4	5	6	7	8	9	10	12	15	20	24	30	40	60	120	∞
13	6.41	4.97	4.35	4.00	3.77	3.60	3.48	3.39	3.31	3.25	3.15	3.05	2.95	2.89	2.84	2.78	2.72	2.66	2.60
14	6.30	4.86	4.24	3.89	3.66	3.50	3.38	3.29	3.21	3.15	3.05	2.95	2.84	2.79	2.73	2.67	2.61	2.55	2.49
15	6.20	4.77	4.15	3.80	3.58	3.41	3.29	3.20	3.12	3.06	2.96	2.86	2.76	2.70	2.64	2.59	2.52	2.46	2.40
16	6.12	4.69	4.08	3.73	3.50	3.34	3.22	3.12	3.05	2.99	2.89	2.79	2.68	2.63	2.57	2.51	2.45	2.38	2.32
17	6.04	4.62	4.01	3.66	3.44	3.28	3.16	3.06	2.98	2.92	2.82	2.72	2.62	2.56	2.50	2.44	2.38	2.32	2.25
18	5.98	4.56	3.95	3.61	3.38	3.22	3.10	3.01	2.93	2.87	2.77	2.67	2.56	2.50	2.44	2.38	2.32	2.26	2.19
19	5.92	4.51	3.90	3.56	3.33	3.17	3.05	2.96	2.88	2.82	2.72	2.62	2.51	2.45	2.39	2.33	2.27	2.20	2.13
20	5.87	4.46	3.86	3.51	3.29	3.13	3.01	2.91	2.84	2.77	2.68	2.57	2.46	2.41	2.35	2.29	2.22	2.16	2.09
21	5.83	4.42	3.82	3.48	3.25	3.09	2.97	2.87	2.80	2.73	2.64	2.53	2.42	2.37	2.31	2.25	2.18	2.11	2.04
22	5.79	4.38	3.78	3.44	3.22	3.05	2.93	2.84	2.76	2.70	2.60	2.50	2.39	2.33	2.27	2.21	2.14	2.08	2.00
23	5.75	4.35	3.75	3.41	3.18	3.02	2.90	2.81	2.73	2.67	2.57	2.47	2.36	2.30	2.24	2.18	2.11	2.04	1.97
24	5.72	4.32	3.72	3.38	3.15	2.99	2.87	2.78	2.70	2.64	2.54	2.44	2.33	2.27	2.21	2.15	2.08	2.01	1.94
25	5.69	4.29	3.69	3.35	3.13	2.97	2.85	2.75	2.68	2.61	2.51	2.41	2.30	2.24	2.18	2.12	2.05	1.98	1.91
26	5.66	4.27	3.67	3.33	3.10	2.94	2.82	2.73	2.65	2.59	2.49	2.39	2.28	2.22	2.16	2.09	2.03	1.95	1.88
27	5.63	4.24	3.65	3.31	3.08	2.92	2.80	2.71	2.63	2.57	2.47	2.36	2.25	2.19	2.13	2.07	2.00	1.93	1.85
28	5.61	4.22	3.63	3.29	3.06	2.90	2.78	2.69	2.61	2.55	2.45	2.34	2.23	2.17	2.11	2.05	1.98	1.91	1.83
29	5.59	4.20	3.61	3.27	3.04	2.88	2.76	2.67	2.59	2.53	2.43	2.32	2.21	2.15	2.09	2.03	1.96	1.89	1.81
30	5.57	4.18	3.59	3.25	3.03	2.87	2.75	2.65	2.57	2.51	2.41	2.31	2.20	2.14	2.07	2.01	1.94	1.87	1.79
40	5.42	4.05	3.46	3.13	2.90	2.74	2.62	2.53	2.45	2.39	2.29	2.18	2.07	2.01	1.94	1.88	1.80	1.72	1.64
60	5.29	3.93	3.34	3.01	2.79	2.63	2.51	2.41	2.33	2.27	2.17	2.06	1.94	1.88	1.82	1.74	1.67	1.58	1.48
120	5.15	3.80	3.23	2.89	2.67	2.52	2.39	2.30	2.22	2.16	2.05	1.94	1.82	1.76	1.69	1.61	1.53	1.43	1.31
∞	5.02	3.69	3.12	2.79	2.57	2.41	2.29	2.19	2.11	2.05	1.94	1.83	1.71	1.64	1.57	1.48	1.39	1.27	1.00

续表

$\alpha = 0.01$

n \ m	1	2	3	4	5	6	7	8	9	10	12	15	20	24	30	40	60	120	∞
1	4052	4999.5	5403	5625	5764	5859	5928	5982	6022	6056	6106	6157	6209	6235	6261	6287	6313	6339	6366
2	98.50	99.00	99.17	99.25	99.30	99.33	99.36	99.37	99.39	99.40	99.42	99.43	99.45	99.46	99.47	99.47	99.48	99.49	99.50
3	34.12	30.82	29.46	28.71	28.24	27.91	27.67	27.49	27.35	27.23	27.05	26.87	26.69	26.60	26.50	26.41	26.32	26.22	26.13
4	21.20	18.00	16.69	15.98	15.52	15.21	14.98	14.80	14.66	14.55	14.37	14.20	14.02	13.93	13.84	13.75	13.65	13.56	13.46
5	16.26	13.27	12.06	11.39	10.97	10.67	10.46	10.29	10.16	10.05	9.89	9.27	9.55	9.47	9.38	9.29	9.20	9.11	9.02
6	13.75	10.92	9.78	9.15	8.75	8.47	8.26	8.10	7.98	7.87	7.72	7.56	7.40	7.31	7.23	7.14	7.06	6.97	6.88
7	12.25	9.55	8.45	7.85	7.46	7.19	6.99	6.84	6.72	6.62	6.47	6.31	6.16	6.07	5.99	5.91	5.82	5.74	5.65
8	11.26	8.65	7.59	7.01	6.63	6.37	6.18	6.03	5.91	5.81	5.67	5.52	5.36	5.28	5.20	5.12	5.03	4.95	4.86
9	10.56	8.02	6.99	6.42	6.06	5.80	5.61	5.47	5.35	5.26	5.11	4.96	4.81	4.73	4.65	4.57	4.48	4.40	4.31
10	10.04	7.56	6.55	5.99	5.64	5.39	5.20	5.06	4.94	4.85	4.71	4.56	4.41	4.33	4.25	4.17	4.08	4.00	3.91
11	9.65	7.21	6.22	5.67	5.32	5.07	4.89	4.74	4.63	4.54	4.40	4.25	4.10	4.02	3.94	3.86	3.78	3.69	3.60
12	9.33	6.93	5.95	5.41	5.06	4.82	4.64	4.50	4.39	4.30	4.16	4.01	3.86	3.78	3.70	3.62	3.54	3.45	3.36
13	9.07	6.70	5.74	5.21	4.86	4.62	4.44	4.30	4.19	4.10	3.96	3.82	3.66	3.59	3.51	3.43	3.34	3.25	3.17
14	8.86	6.51	5.56	5.04	4.69	4.46	4.28	4.14	4.03	3.94	3.80	3.66	3.51	3.43	3.35	3.27	3.18	3.09	3.00
15	8.68	6.36	5.42	4.89	4.56	4.32	4.14	4.00	3.89	3.80	3.67	3.52	3.37	3.29	3.21	3.13	3.05	2.96	2.87
16	8.53	6.23	5.29	4.77	4.44	4.20	4.03	3.89	3.78	3.69	3.55	3.41	3.26	3.18	3.10	3.02	2.93	3.84	2.75
17	8.40	6.11	5.18	4.67	4.34	4.10	3.93	3.79	3.68	3.59	3.46	3.31	3.16	3.08	3.00	2.92	2.83	2.75	2.65
18	8.29	6.01	5.09	4.58	4.25	4.01	3.84	3.71	3.60	3.51	3.37	3.23	3.08	3.00	2.92	2.84	2.75	2.66	2.57
19	8.18	5.93	5.01	4.50	4.17	3.94	3.77	3.63	3.52	3.43	3.30	3.15	3.00	2.92	2.84	2.76	2.67	2.58	2.49
20	8.10	5.85	4.94	4.43	4.10	3.87	3.70	3.56	3.46	3.37	3.23	3.09	2.94	2.86	2.78	2.69	2.61	2.52	2.42

续表

$\alpha = 0.01$

$n \backslash m$	1	2	3	4	5	6	7	8	9	10	12	15	20	24	30	40	60	120	∞
21	8.02	5.78	4.87	4.37	4.04	3.81	3.64	3.51	3.40	3.31	3.17	3.03	2.88	2.80	2.72	2.64	2.55	2.46	2.36
22	7.95	5.72	4.82	4.31	3.99	3.76	3.59	3.45	3.35	3.26	3.12	2.98	2.83	2.75	2.67	2.58	2.50	2.40	2.31
23	7.88	5.66	4.76	4.26	3.94	3.71	3.54	3.41	3.30	3.21	3.07	2.93	2.78	2.70	2.62	2.54	2.45	2.35	2.26
24	7.82	5.61	4.72	4.22	3.90	3.67	3.50	3.36	3.26	3.17	3.03	2.89	2.74	2.66	2.58	2.49	2.40	2.31	2.21
25	7.77	5.57	4.68	4.18	3.85	3.63	3.46	3.32	3.22	3.13	2.99	2.85	2.70	2.62	2.54	2.45	2.36	2.27	2.17
26	7.72	5.53	4.64	4.14	3.82	3.59	3.42	3.29	3.18	3.09	2.96	2.81	2.66	2.58	2.50	2.42	2.33	2.23	2.13
27	7.68	5.49	4.60	4.11	3.78	3.56	3.39	3.26	3.15	3.06	2.93	2.78	2.63	2.55	2.47	2.38	2.29	2.20	2.10
28	7.64	5.45	4.57	4.07	3.75	3.53	3.36	3.23	3.12	3.03	2.90	2.75	2.60	2.52	2.44	2.35	2.26	2.17	2.06
29	7.60	5.42	4.54	4.04	3.73	3.50	3.33	3.20	3.09	3.00	2.87	2.73	2.57	2.49	2.41	2.33	2.23	2.14	2.03
30	7.56	5.39	4.51	4.02	3.70	3.47	3.30	3.17	3.07	2.98	2.84	2.70	2.55	2.47	2.39	2.30	2.21	2.11	2.01
40	7.31	5.18	4.31	3.83	3.51	3.29	3.12	2.99	2.89	2.80	2.66	2.52	2.37	2.29	2.20	2.11	2.02	1.92	1.80
60	7.08	4.98	4.13	3.65	3.34	3.12	2.95	2.82	2.72	2.63	2.50	2.35	2.20	2.12	2.03	1.94	1.84	1.73	1.60
120	6.85	4.79	3.95	3.48	3.17	2.96	2.79	2.66	2.56	2.47	2.34	2.19	2.03	1.95	1.86	1.76	1.66	4.53	1.38
∞	6.63	4.61	3.78	3.32	3.02	2.80	2.64	2.51	2.41	2.32	2.18	2.04	1.88	1.79	1.70	1.59	1.47	1.32	1.00

$\alpha = 0.005$

$n \backslash m$	1	2	3	4	5	6	7	8	9	10	12	15	20	24	30	40	60	120	∞
1	16211	20000	21615	22500	23056	23437	23715	23925	24091	24224	24426	34630	24836	24940	25044	25148	25253	25359	25465
2	198.5	199.0	199.2	199.2	199.3	199.3	199.4	199.4	199.4	199.4	199.4	199.4	199.4	199.5	199.5	199.5	199.5	199.5	199.5
3	55.55	49.80	47.47	46.19	45.39	44.84	44.43	44.13	43.88	43.69	43.39	43.08	42.78	42.62	42.47	42.31	42.15	41.99	41.83
4	31.33	26.28	24.26	23.15	22.46	21.97	21.62	21.35	21.14	20.97	20.07	20.44	20.17	20.03	19.89	19.75	19.61	19.47	19.32
5	22.78	18.31	16.53	15.56	14.94	14.51	14.20	13.96	13.77	13.62	13.38	13.15	12.90	12.78	12.66	12.53	12.40	12.27	12.14
6	18.63	14.54	12.92	12.03	11.46	11.07	10.79	10.57	10.39	10.25	10.03	9.81	9.59	9.47	9.36	9.24	9.12	9.00	8.88
7	16.24	12.40	10.88	10.05	9.52	9.16	8.89	8.68	8.51	8.38	8.18	7.97	7.75	7.65	7.53	7.42	7.31	7.19	7.08

续表

$\alpha=0.005$

n \ m	1	2	3	4	5	6	7	8	9	10	12	15	20	24	30	40	60	120	∞
8	14.69	11.04	9.60	8.81	8.30	7.95	7.69	7.50	7.34	7.21	7.01	6.81	6.61	6.50	6.40	6.29	6.18	6.06	5.95
9	13.61	10.11	8.72	7.96	7.47	7.13	6.88	6.69	6.54	6.42	6.23	6.03	5.83	5.73	5.62	5.52	5.41	5.30	5.19
10	12.83	9.43	8.08	7.34	6.87	6.54	6.30	6.12	5.97	5.85	5.66	5.47	5.27	5.17	5.07	4.97	4.86	4.75	4.64
11	12.23	8.91	7.60	6.88	6.42	6.10	5.86	5.68	5.54	5.42	5.24	5.05	4.86	4.76	4.65	4.55	4.44	4.34	4.23
12	11.75	8.51	7.23	6.52	6.07	5.76	5.52	5.35	5.20	5.09	4.91	4.72	4.53	4.43	4.33	4.23	4.12	4.01	3.90
13	11.37	8.19	6.93	6.23	5.79	5.48	5.25	5.08	4.94	4.82	4.64	4.46	4.27	4.17	4.07	3.97	3.87	3.76	3.65
14	11.06	7.92	6.68	6.00	5.56	5.26	5.03	4.86	4.72	4.60	4.43	4.25	4.06	3.96	3.86	3.76	3.66	3.55	3.44
15	10.80	7.70	6.48	5.80	5.37	5.07	4.85	4.67	4.54	4.42	4.25	4.07	3.88	3.79	3.69	3.58	3.48	3.37	3.26
16	10.58	7.51	6.30	5.64	5.21	4.91	4.69	4.52	4.38	4.27	4.10	3.92	3.73	3.64	3.54	3.44	3.33	3.22	3.11
17	10.38	7.35	6.16	5.50	5.07	4.78	4.56	4.39	4.25	4.14	3.97	3.79	3.61	3.51	3.41	3.31	3.21	3.10	2.98
18	10.22	7.21	6.03	5.37	4.96	4.66	4.44	4.28	4.14	4.03	3.86	3.68	3.50	3.40	3.30	3.20	3.10	2.99	2.87
19	10.07	7.09	5.92	5.27	4.85	4.56	4.34	4.18	4.04	3.93	3.76	3.59	3.40	3.31	3.21	3.11	3.00	2.89	2.78
20	9.94	6.99	5.82	5.17	4.76	4.47	4.26	4.09	3.96	3.85	3.68	3.50	3.32	3.22	3.12	3.02	2.92	2.81	2.69
21	9.83	6.89	5.73	5.09	4.68	4.39	4.18	4.01	3.88	3.77	3.60	3.43	3.24	3.15	3.05	2.95	2.84	2.73	2.61
22	9.73	6.81	5.65	5.02	4.61	4.32	4.11	3.94	3.81	3.70	3.54	3.36	3.18	3.08	2.98	2.88	2.77	2.66	2.55
23	9.63	6.73	5.58	4.95	4.54	4.26	4.05	3.88	3.75	3.64	3.47	3.30	3.12	3.02	2.92	2.82	2.71	2.60	2.48
24	9.55	6.66	5.52	4.89	4.49	4.20	3.99	3.83	3.69	3.59	3.42	3.25	3.06	2.97	2.87	2.77	2.66	2.55	2.43
25	9.48	6.60	5.46	4.84	4.43	4.15	3.94	3.78	3.64	3.54	3.37	3.20	3.01	2.92	2.82	2.72	2.61	2.50	2.38
26	9.41	6.54	5.41	4.79	4.38	4.10	3.89	3.73	3.60	3.49	3.33	3.15	2.97	2.87	2.77	2.67	2.56	2.45	2.33
27	9.34	6.49	5.36	4.74	4.34	4.06	3.85	3.69	3.56	3.45	3.28	3.11	2.93	2.83	2.73	2.63	2.52	2.41	2.29
28	9.28	6.44	5.32	4.70	4.30	4.02	3.81	3.65	3.52	3.41	3.25	3.07	2.89	2.79	2.69	2.59	2.48	2.37	2.25

续表

$\alpha = 0.005$

n \ m	1	2	3	4	5	6	7	8	9	10	12	15	20	24	30	40	60	120	∞
29	9.23	6.40	5.28	4.66	4.26	3.98	3.77	3.61	3.48	3.38	3.21	3.04	2.86	2.76	2.66	2.56	2.45	2.33	2.21
30	9.18	6.35	5.24	4.62	4.23	3.95	3.74	3.58	3.45	3.34	3.18	3.01	2.82	3.73	2.63	2.52	2.42	2.30	2.18
40	8.83	6.07	4.98	4.37	3.99	3.71	3.51	3.35	3.22	3.12	2.95	2.78	2.60	2.50	2.40	2.30	2.18	2.06	1.93
60	8.49	5.79	4.73	4.14	3.76	3.49	3.29	3.13	3.01	2.90	2.74	2.57	2.39	2.29	2.19	2.08	1.96	1.83	1.69
120	8.18	5.54	4.50	3.92	3.55	3.28	3.09	2.93	2.81	2.71	2.54	2.37	2.19	2.09	1.98	1.87	1.75	1.61	1.43
∞	7.88	5.30	4.28	3.72	3.35	3.09	2.90	2.74	2.62	2.52	2.36	2.19	2.00	1.90	1.79	1.67	1.53	1.36	1.00

$\alpha = 0.001$

n \ m	1	2	3	4	5	6	7	8	9	10	12	15	20	24	30	40	60	120	∞
1	4053†	5000†	5404†	5625†	5764†	5859†	5929†	5981†	6023†	6056†	6107†	6158†	6209†	6235†	6261†	6287†	6313†	6340†	6366†
2	998.5	999.0	999.2	999.2	999.3	999.3	999.4	999.4	999.4	999.4	999.4	999.4	999.4	999.5	999.5	999.5	999.5	999.5	999.5
3	167.0	148.5	141.1	137.1	134.6	132.8	131.6	130.6	129.9	128.3	129.2	127.4	126.4	125.9	125.4	125.0	124.5	124.0	123.5
4	74.14	61.25	56.18	53.44	51.71	50.53	49.66	49.00	48.47	48.05	47.41	46.76	46.10	45.77	45.43	45.09	44.75	44.40	44.05
5	47.18	37.12	33.20	31.09	27.75	28.84	28.16	27.64	27.24	26.92	26.42	25.91	25.39	25.14	24.87	24.60	24.33	24.06	23.79
6	35.51	27.00	23.70	21.92	20.81	20.03	19.46	19.03	18.69	18.41	17.99	17.56	17.12	16.89	16.67	16.44	16.21	15.99	15.75
7	29.25	21.69	18.77	17.19	16.21	15.52	15.02	14.63	14.33	14.08	13.71	13.32	12.93	12.73	12.53	12.33	12.12	11.91	11.70
8	25.42	18.49	15.83	14.39	13.49	12.86	12.40	12.04	11.77	11.54	11.19	10.84	10.48	10.30	10.11	9.92	9.73	9.53	9.33
9	22.86	16.39	13.90	12.56	11.71	11.13	10.70	10.37	10.11	9.89	9.57	9.24	8.90	8.72	8.55	8.37	8.19	8.00	7.81
10	21.04	14.91	12.55	11.28	10.48	9.92	9.52	9.20	8.96	8.75	8.45	8.13	7.80	7.64	7.47	7.30	7.12	6.94	6.76
11	19.69	13.81	11.56	10.35	9.58	9.05	8.66	8.35	8.12	7.92	7.63	7.32	7.01	6.85	6.68	6.52	6.35	6.17	6.00
12	18.64	12.97	10.80	9.63	8.89	8.38	8.00	7.71	7.48	7.29	7.00	6.71	6.40	6.25	6.09	5.93	5.76	5.59	5.42
13	17.81	12.31	10.21	9.07	8.35	7.86	7.49	7.21	6.98	6.80	6.52	6.23	5.93	5.78	5.63	5.47	5.30	5.14	4.97
14	17.14	11.78	9.73	8.62	7.92	7.43	7.08	6.80	6.58	6.40	6.13	5.85	5.56	5.41	5.25	5.10	4.94	4.77	4.60
15	16.59	11.34	9.34	8.25	7.57	7.09	6.74	6.47	6.26	6.08	5.81	5.54	5.25	5.10	4.95	4.80	4.64	4.47	4.31
16	16.12	10.97	9.00	7.94	7.27	6.81	6.46	6.19	5.98	5.81	5.55	5.27	4.99	4.85	4.70	4.54	4.39	4.23	4.06

续表

$\alpha = 0.001$

n \ m	1	2	3	4	5	6	7	8	9	10	12	15	20	24	30	40	60	120	∞
17	15.72	10.66	8.73	7.68	7.02	7.56	6.22	5.96	5.75	5.58	5.32	5.05	4.78	4.63	4.48	4.33	4.18	4.02	3.85
18	15.38	10.39	8.49	7.46	6.81	6.35	6.02	5.76	5.56	5.39	5.13	4.87	4.59	4.45	4.30	4.15	4.00	3.84	3.67
19	15.08	10.16	8.28	7.26	6.62	6.18	5.85	5.59	5.39	5.22	4.97	4.70	4.43	4.29	4.14	3.99	3.84	3.68	3.51
20	14.82	9.95	8.10	7.10	6.46	6.02	5.69	5.44	5.24	5.08	4.82	4.56	4.29	4.15	4.00	3.86	3.70	3.54	3.38
21	14.59	9.77	7.94	6.95	6.32	5.88	5.56	5.31	5.11	4.95	4.70	4.44	4.17	4.03	3.88	3.74	3.58	3.42	3.26
22	14.38	9.61	7.80	6.81	6.19	5.76	5.44	5.19	4.99	4.83	4.58	4.33	4.06	3.92	3.78	3.63	3.48	3.32	3.15
23	14.19	9.47	7.67	6.69	6.08	5.65	5.33	5.09	4.89	4.73	4.48	4.23	3.96	3.82	3.68	3.53	3.38	3.22	3.05
24	14.03	9.34	7.55	6.59	5.98	5.55	5.23	4.99	4.80	4.64	4.39	4.14	3.87	3.74	3.59	3.45	3.29	3.14	2.97
25	13.88	9.22	7.45	6.49	5.88	5.46	5.15	4.91	4.71	4.56	4.31	4.06	3.79	3.66	3.52	3.37	3.22	3.06	2.89
26	13.74	9.12	7.36	6.41	5.80	5.38	5.07	4.83	4.64	4.48	4.24	3.99	3.72	3.59	3.44	3.30	3.15	2.99	2.82
27	13.61	9.02	7.27	6.33	5.73	5.31	5.00	4.76	4.57	4.41	4.17	3.92	3.66	3.52	3.38	3.23	3.08	2.92	2.75
28	13.50	8.93	7.19	6.25	5.66	5.24	4.93	4.69	4.50	4.35	4.11	3.86	3.60	3.46	3.32	3.18	3.02	2.86	2.69
29	13.39	8.85	7.12	6.19	5.59	5.18	4.87	4.64	4.45	4.29	4.05	3.80	3.54	3.41	3.27	3.12	2.97	2.81	2.64
30	13.29	8.77	7.05	6.12	5.53	5.12	4.82	4.58	4.39	4.24	4.00	3.75	3.49	3.36	3.22	3.07	2.92	2.76	2.59
40	12.61	8.25	6.60	5.70	5.13	4.73	4.44	4.21	4.02	3.87	3.64	3.40	3.15	3.01	2.87	2.73	2.57	2.41	2.23
60	11.97	7.76	6.17	5.31	4.76	4.37	4.09	3.87	3.69	3.54	3.31	3.08	2.83	2.69	2.55	2.41	2.25	2.08	1.89
120	11.38	7.32	5.79	4.95	4.42	4.04	3.77	3.55	3.38	3.24	3.02	2.78	2.53	2.40	2.26	2.11	1.95	1.76	1.54
∞	10.83	6.91	5.42	4.62	4.10	3.74	3.47	3.27	3.10	2.96	2.74	2.51	2.27	2.13	1.99	1.84	1.66	1.45	1.00

† 表示要将此数乘以 100

B.3　χ^2 分布表

$$P\left\{\chi^2 > \chi_n^2(\alpha)\right\} = \alpha$$

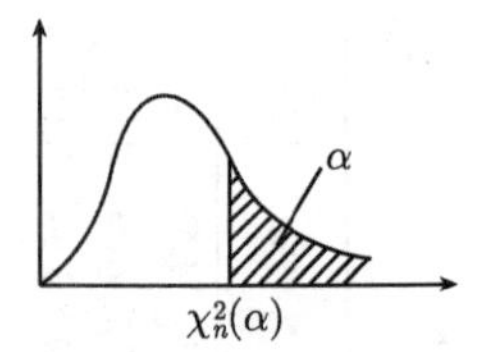

n	α =0.995	0.99	0.975	0.95	0.90	0.75
1	–	–	0.001	0.004	0.016	0.102
2	0.010	0.020	0.051	0.103	0.211	0.575
3	0.072	0.115	0.216	0.352	0.584	1.213
4	0.207	0.297	0.484	0.711	1.064	1.923
5	0.412	0.554	0.831	1.145	1.610	2.675
6	0.676	0.872	1.237	1.635	2.204	3.455
7	0.989	1.239	1.690	2.167	2.833	4.255
8	1.344	1.646	2.180	2.733	3.490	5.071
9	1.735	2.088	2.700	3.325	4.168	5.899
10	2.156	2.558	3.247	3.940	4.865	6.737
11	2.603	3.053	3.816	4.575	5.578	7.584
12	3.074	3.571	4.404	5.226	6.304	8.438
13	3.565	4.107	5.009	5.892	7.042	9.299
14	4.075	4.660	5.629	6.571	7.790	10.165
15	4.601	5.229	6.262	7.261	8.547	11.037
16	5.142	5.812	6.908	7.962	9.312	11.912
17	5.697	6.408	7.564	8.672	10.085	12.792
18	6.265	7.015	8.231	9.390	10.865	13.675
19	6.844	7.633	8.907	10.117	11.651	14.562
20	7.434	8.260	9.591	10.851	12.443	15.452
21	8.034	8.897	10.283	11.591	13.240	16.344
22	8.643	9.542	10.982	12.338	14.042	17.240
23	9.260	10.196	11.689	13.091	14.848	18.137
24	9.886	10.856	12.401	13.848	15.659	19.037
25	10.520	11.524	13.120	14.611	16.473	19.939
26	11.160	12.198	13.844	15.379	17.292	20.843
27	11.808	12.879	14.573	16.151	18.114	21.749
28	12.461	13.565	15.308	16.928	18.939	22.657
29	13.121	14.257	16.047	17.708	19.768	23.567
30	13.787	14.954	16.791	18.493	20.599	24.478
31	14.458	15.655	17.539	19.281	21.434	25.390
32	15.134	16.362	18.291	20.072	22.271	26.304
33	15.815	17.074	19.047	20.867	23.110	27.219
34	16.501	17.789	19.806	21.664	23.952	28.136
35	17.192	18.509	20.569	22.465	24.797	29.054
36	17.887	19.233	21.336	23.269	25.643	29.973
37	18.586	19.960	22.106	24.075	26.492	30.893
38	19.289	20.691	22.878	24.884	27.343	31.815
39	19.996	21.426	23.654	25.695	28.196	32.737
40	20.707	22.164	24.433	26.509	29.051	33.660
41	21.421	22.906	25.215	27.326	29.907	34.585
42	22.138	23.650	25.999	28.144	30.765	35.510
43	22.859	24.398	26.785	28.965	31.625	36.436
44	23.584	25.148	27.575	29.787	32.487	37.363
45	24.311	25.901	28.366	30.612	33.350	38.291

续表

n	α =0.25	0.10	0.05	0.025	0.01	0.005
1	1.323	2.706	3.841	5.024	6.635	7.879
2	2.773	4.605	5.991	7.378	9.210	10.597
3	4.108	6.251	7.815	9.348	11.345	12.838
4	5.385	7.779	9.488	11.143	13.277	14.860
5	6.626	9.236	11.071	12.833	15.086	16.750
6	7.841	10.645	12.592	14.449	16.812	18.548
7	9.037	12.017	14.067	16.013	18.475	20.278
8	10.219	13.362	15.507	17.535	20.090	21.955
9	11.389	14.684	16.919	19.023	21.666	23.589
10	12.549	15.987	18.307	20.483	23.209	25.188
11	13.701	17.275	19.675	21.920	24.725	26.757
12	14.845	18.549	21.026	23.337	26.217	28.299
13	15.984	19.812	22.362	24.736	27.688	29.819
14	17.117	21.064	23.685	26.119	29.141	31.319
15	18.245	22.307	24.996	27.488	30.578	32.801
16	19.369	23.542	26.296	28.845	32.000	34.267
17	20.489	24.769	27.587	30.191	33.409	35.718
18	21.605	25.989	28.869	31.526	34.805	37.156
19	22.718	27.204	30.144	32.852	36.191	38.582
20	23.828	28.412	31.410	34.170	37.566	39.997
21	24.935	29.615	32.671	35.479	38.932	41.401
22	26.039	30.813	33.924	36.781	40.289	42.796
23	27.141	32.007	35.172	38.076	41.638	44.181
24	28.241	33.196	36.415	39.364	42.980	45.559
25	29.339	34.382	37.652	40.646	44.314	46.928
26	30.435	35.563	38.885	41.923	45.642	48.290
27	31.528	36.741	40.113	43.194	46.963	49.645
28	32.620	37.916	41.337	44.461	48.278	50.993
29	33.711	39.087	42.557	45.722	49.588	52.336
30	34.800	40.256	43.773	46.979	50.892	53.672
31	35.887	41.422	44.985	48.232	52.191	55.003
32	36.973	42.585	46.194	49.480	53.486	56.328
33	38.058	43.745	47.400	50.725	54.776	57.648
34	39.141	44.903	48.602	51.966	56.061	58.964
35	40.223	46.059	49.802	53.203	57.342	60.275
36	41.304	47.212	50.998	54.437	58.619	61.581
37	42.383	48.363	52.192	55.668	59.892	62.883
38	43.462	49.513	53.384	56.896	61.162	64.181
39	44.539	50.660	54.572	58.120	62.428	65.476
40	45.616	51.805	55.758	59.342	63.691	66.766
41	46.692	52.949	56.942	60.561	64.950	68.053
42	47.766	54.090	58.124	61.777	66.206	69.336
43	48.840	55.230	59.304	62.990	67.459	70.616
44	49.913	56.369	60.481	64.201	68.710	71.893
45	50.985	57.505	61.656	65.410	69.957	73.166